Renate Söffing

Kiss your Ideas!

Ideen erfolgreich managen

Renate Söffing

Kiss your Ideas!

Ideen erfolgreich managen

Bibliografische Information der Deutschen Nationalbibliothek

Die Deutsche Nationalbibliothek verzeichnet diese Publikation
in der Deutschen Nationalbibliografie; detaillierte bibliografische
Daten sind im Internet über http://dnb.d-nb.de abrufbar.

ISBN 978-3-86936-131-4

Lektorat: Friederike Mannsperger
Umschlaggestaltung: Martin Zech Design, Bremen, www.martinzech.de
Satz und Layout: Da-TeX Gerd Blumenstein, Leipzig, www.da-tex.de
Druck und Bindung: Salzland Druck, Staßfurt

www.gabal-verlag.de

Abonnieren Sie den GABAL-Newsletter unter:
newsletter@gabal-verlag.de

Inhalt

Vorwort

Die Erschließung des Ideenpotenzials der Mitarbeiter ist ein Erfolgsfaktor für Unternehmen, die Exzellenz anstreben. Deshalb ist es erforderlich, die Ideen und das Fachwissen der Mitarbeiter zu fördern und strukturiert, also systematisch, aufzuarbeiten. Ein Instrument dazu ist das Ideenmanagement.

Renate Söffing ist es in ihrem Buch gelungen, fantasievoll und gleichzeitig leicht verständlich und einprägsam das komplexe Instrument Ideenmanagement zu vermitteln. Nicht zuletzt durch ihre Visualisierungen gelingt es ihr, der Ganzheitlichkeit des Ansatzes gerecht zu werden: Mit der Entwicklung des Ideenmanagement-Hauses (siehe Seite 106) ist es zum ersten Mal in der Literatur gelungen, alle Aspekte des Themas in ihrer logischen Zuordnung und Reihenfolge sichtbar zu machen – und das auf sehr eindrucksvolle Weise! Abgerundet wird das Buch durch ein spannendes Glossar (ABC des Ideenmanagements, siehe Seite 134), in dem alle wichtigen Stichworte ebenso unterhaltsam wie fachlich korrekt zusammengestellt sind.

Ich bin davon überzeugt, dass ein Leser, der sich mit dem Thema zum ersten Mal auseinandersetzt, trotz der Komplexität schnell Zugang zu allen relevanten Aspekten findet. Aber auch erfahrene Ideenmanager erhalten – zum Beispiel in Kapitel 4 – sehr viele Tipps, die sofort in die Praxis umgesetzt werden können.

Ich wünsche diesem Buch viele aufgeschlossene Leser, die ihr gewonnenes Wissen voller Begeisterung sofort in die Tat umsetzen.

Viel Spaß beim Küssen!

Christiane Kersting
Zentrum Ideenmanagement, Frankfurt am Main

Gute Ideen kommen nicht auf Bestellung

… aber wir können ihnen den Weg bereiten, Raum schaffen, unsere Aufmerksamkeit verstärken und unsere Wahrnehmung schärfen, damit der besondere Einfall und die große Chance nicht im lauten Trubel des Alltagsgeschäfts unerkannt vorüberziehen.

Auch in dem Märchen vom Froschkönig wäre die Chance, den Königssohn zu erlösen, beinah verpasst worden. Woran lag's? Wir Menschen neigen schon mal zu Fehlschlüssen. Die jüngste Königstochter konnte den Königssohn nicht als solchen erkennen. In ihren Augen war er ein „Wasserpatscher" mit dickem, hässlichem Kopf. Für uns als aufgeklärte Leser in diesem Fall ein klarer Trugschluss. Können wir aber aus dieser Erkenntnis die Empfehlung für alle Prinzen suchenden Mädels ableiten: „Küsst Frösche, was das Zeug hält, damit erhöht ihr die Wahrscheinlichkeit auf einen (Prinzen-)Treffer!"? Könnte auch wieder eine falsche Folgerung sein, denn vielleicht hängt der Erfolg gar nicht von der Menge der zu küssenden Frösche ab. Vielleicht liegt die Lösung in einer verbesserten Kusstechnik[*]!?

Besser küssen

Betrachten wir den Prinzen aus unserem Märchen als Bild für eine zündende Idee, dann gilt das Gleiche: Aufmerksamkeit verstärken, Wahrnehmung schärfen und Technik verbessern, damit erhöhen wir die Wahrscheinlichkeit, dass sich gute Ideen nicht nur einstellen, sondern dass sie auch als solche erkannt werden. Damit dürfte die Verbindung zwischen Kusstechnik und Ideenmanagement klar geworden sein: „Kiss your Ideas" bedeutet, jede Idee – sei es die eigene, sei es die von Kollegen oder Mitarbeitern – wahrzunehmen, zu beachten und ebenso behutsam wie umfassend zu prüfen, ob sich nicht ein Prinz (oder eine Prinzessin?) dahinter verbirgt.

---

[*] Für den Gedanken zur Verbesserung der Kusstechnik bedanke ich mich sehr herzlich bei Dr. Pierre Buet von RWE Power.

Überall dort, wo Menschen zusammenarbeiten, kann Ideenmanagement, kann eine kontinuierliche Verbesserung dazu beitragen, dass wir Ergebnisse von hoher Qualität erzielen, die Erwartungen übertreffen, und dass die Arbeit mehr Freude bereitet. Denn: Wer eigene Gedanken einbringen kann, wird mehr Interesse für das haben, was er tut. Wer erfährt, dass seine Überlegungen und Verbesserungsideen ernst genommen werden, kann ein gesundes Selbstvertrauen (er)leben. Ein solcher Mensch wird auch gerne immer wieder neue Veränderungsideen entwickeln.

Unternehmen und Organisationen, denen es gelingt, alle Menschen an Veränderungen teilhaben zu lassen und in Veränderungsprozesse einzubeziehen, leben Wertschätzung. Sie werden langfristig erfolgreicher sein als andere. Ein lebendiges Ideenmanagement fördert systematisch Ideen und Initiativen der Mitarbeiter – sowohl bei Einzel- als auch bei Teamleistungen – zum Wohle des Unternehmens oder der Organisation und der Mitarbeiter bzw. Mitglieder.

Dieses Buch will Ihnen dabei helfen, zu verstehen, was Ideenmanagement ist und wie ein Ideenmanagement-System entwickelt und eingeführt werden kann.

- Das erste Kapitel ist einem kurzen Blick in die Geschichte gewidmet, denn: Der Grundgedanke ist nicht neu. Die aktuelle Form des Ideenmanagements ist hervorgegangen aus dem Betrieblichen Vorschlagswesen (im Westen) und dem Neuererwesen (im Osten) sowie den Vorläufern dieser beiden Organisationsformen in früheren Jahrhunderten.
- Im zweiten Kapitel erfahren Sie Grundlegendes über die Voraussetzungen, die für den reibungslosen Ablauf eines Ideenmanagement-Systems geschaffen werden müssen.
- Stolpersteine und Barrieren, die auf dem Weg zu einem optimalen Ideenmanagement-System auf jeden warten, werden im dritten Kapitel behandelt.
- Öffentlichkeitsarbeit liefert eine wichtige Basis für das Ideenmanagement, denn schließlich müssen alle wissen, worum es geht. Diesem Thema widmet sich das vierte Kapitel.

- Ausgewählte Techniken zur Unterstützung der Ideenfindung sind Gegenstand des fünften Kapitels.

Dieses Buch wurde für alle geschrieben, die noch nie etwas vom Ideenmanagement gehört haben. Ebenso für alle, die zwar davon gehört haben, aber nicht genau wissen, was sich dahinter verbirgt. Und für alle, die dem Ideenmanagement nichts zutrauen, weil schlechte Erfahrungen mit dem alten Betrieblichen Vorschlagswesen oder einem starren Ideenmanagement, das keine Früchte trägt, ihnen Bauchschmerzen bereiten. Und dieses Buch ist all jenen Ideenmanagern und Ideenmanagerinnen in Unternehmen gewidmet, die – häufig eher hinter den Kulissen, aber immer mit sehr viel Herzblut – Beachtliches leisten, aber auch und nicht zuletzt den vielen Menschen mit spannenden Ideen, die alle ihren Beitrag dazu leisten, dass unsere Welt bunt, spannend und lebenswert bleibt.

Eine letzte Anmerkung: Auch wenn zugunsten eines besseren Leseflusses durchgehend auf die weiblichen Endungen verzichtet wurde, sind Frauen und Männer selbstverständlich mit gleicher Wertschätzung angesprochen.

Renate Söffing

1. Anmerkungen zur Geschichte des Ideenmanagements

Leben ist Veränderung

Leben ist immerwährender Wandel. Die Veränderungen sind oft scheinbar geringfügig, sodass sie kaum auffallen. Aber auch geniale Erfindungen kennen wir oder Entdeckungen – eindrucksvoll und unerwartet, atemberaubend und faszinierend neu. Ideen für Verbesserungen wurden entwickelt, seitdem es Menschen gibt. Und nicht immer blieb es bei reinen Vorstellungen oder bloßen Worten. Vieles wurde umgesetzt. Wäre es nicht so, hätten wir uns nicht weiterentwickelt, gäbe es keinen Fortschritt.

Wichtige Entdeckungen

Schauen wir zurück, welche Erfindungen und Entdeckungen im Laufe der hinter uns liegenden Jahrtausende und Jahrhunderte gemacht wurden, können wir ahnen, was hinter den einzelnen Ereignissen stand. In manchen Fällen vielleicht reiner Zufall: Denken wir beispielsweise an die Entdeckung der Herstellung von Bronze aus Zinn und Kupfer um 2.000–1.000 v. Chr. Dann wieder ist die geniale Idee das Ergebnis langwieriger Versuche und komplizierter Tüftelarbeit. Eine Erfindung kann auch auf dem Bedürfnis nach Arbeitserleichterung beruhen: Solange der Mensch den Pflug selbst zog, war die Feldarbeit beschwerlich. 3.000 v. Chr. spannten die Ägypter Ochsen vor den Pflug – eine einfache Veränderung mit enormer Wirkung. War es reine kindliche Freude oder gar Eitelkeit, als die Ägypter erste Spiegel benutzten (3.500 v. Chr.)? Der Zufall kann auch eine Rolle gespielt haben, als das erste Feuerwerk erfunden wurde. Der Bau des Tschengkuo-Kanals (Fertigstellung 246 v. Chr.), der China vor den oft verheerenden Überschwemmungen schützen sollte, war sicher das Ergebnis planvollen Vorgehens und zahlreicher Einzelschritte. Wahrscheinlich gab es sogar einen Auftrag oder Befehl zu dieser Entwicklung.

Hinter all diesen Erfindungen, die nicht nur Wissenschaft und Technik weiterentwickelt haben, sondern sehr spürbar und nachhaltig das Alltagsleben veränderten, stehen Einzelne oder Gruppen. Menschen, die sich Gedanken gemacht haben, die ausprobiert und experimentiert, Thesen aufgestellt, überprüft und verworfen haben. Sie sind gezielt vorgegangen oder sie haben die Bedeutung eines zufälligen Ereignisses erkannt und klug genutzt: Sie haben gehandelt, um es besser zu machen. Auch wenn wir diese Menschen nicht kennen, wir können überzeugt sein: Sie sind wach durchs Leben gegangen, sie haben aufmerksam hingeschaut und zugehört. Sie haben sich nicht mit dem zufriedengegeben, was sie wahrgenommen haben. Sie haben nicht nur nachgedacht wie Epimetheus (auf Deutsch der Nachdenkende) aus der griechischen Mythologie, sondern auch vorgedacht wie Prometheus (auf Deutsch der Vordenkende), der Bruder des Epimetheus. Welche Folgen die (selbst auferlegte?) Beschränkung auf das Nachdenken hat, erfahren wir auch aus der griechischen Mythologie: Dem nachher denkenden Epimetheus haben wir es nämlich zu verdanken, dass die Büchse der Pandora geöffnet wurde, mit deren Inhalt zahlreiche Plagen auf die Erde kamen.

Die griechische Mythologie ist eine faszinierende Schatzkammer, die viele Überraschungen bereithält. Betrachten wir die Gestalt der Pandora genauer: Ihr Name bedeutet „die Allbeschenkte". Pandora ist nicht nur außerordentlich schön, sie verfügt auch über zahlreiche Talente. Was lernen wir aus dieser Geschichte? Nicht alles, was machbar ist, hat gute Folgen.

Nicht alles, was erfunden werden kann, und nicht alles, was unsere Begabungen uns erlauben, ist sinnvoll.

Deshalb gibt es im Ideenmanagement auch immer Instanzen, die Verbesserungsvorschläge begutachten, bewerten und über die Umsetzung entscheiden. Doch davon später mehr.

Viele Erfindungen verdanken wir sicher dem Zufall. Neu in der Geschichte ist die gezielte Suche nach Verbesserungen – verbunden mit einem Aufruf an andere, sich etwas einfallen zu lassen. Jetzt wird Organisation erforderlich: Die eingereichten Vorschläge müssen nämlich gesichtet und beurteilt werden. Es muss jemanden geben, der sagt: „Wir wollen eure Ideen!" Und: „Jene Idee passt nicht, aber diese ist genau zu diesem Zeitpunkt richtig. Das machen wir. Und zwar jetzt!"

> Veränderungen sind unausweichlich – Verbesserungen sind notwendig.

Von Venedig über St. Petersburg nach Essen

Sammeln von Untertanen-Ideen

Einzelheiten zur Geschichte des Ideenmanagements finden sich in *Erfolgsfaktor Ideenmanagement*. Bereits mittelalterliche Städte sollen – so erfahren wir hier – auf den Einfallsreichtum ihrer Bürger vertraut haben. Man hat von „Briefkästen" für Verbesserungsvorschläge gehört. Erste Belege für ein solches „Untertanen-Vorschlagswesen" finden sich leider erst im 18. Jahrhundert: In Schweden hatte eine königliche Kommission 1741 die Aufgabe, Vorschläge der Bürger zu prüfen und zu beurteilen. Aus dieser Zeit, so wird vermutet, stammen auch die Aufrufe der Dogen (Staatsoberhäupter in der Republik Venedig), in denen die Bürger Venedigs zur Abgabe von Ideen aufgefordert wurden. Ein „Briefschlitz" im Dogenpalast wird als Beweis für diese These angeführt. Auch Zar Peter der Große soll sich mit Aufrufen an seine Untertanen gewandt haben, damit diese sich engagierten und sich etwas für die Stärkung und den Aufbau des Reiches einfallen ließen. Vertrauen in die Ideenkraft der Untertanen scheint also durchaus vorhanden gewesen zu sein.

Neue Produktionsbedingungen
verändern die Arbeitswelt

Von einem organisierten Vorläufer des heutigen Ideenmanagements können wir allerdings erst sprechen, seit es Betriebe gibt. Der Beginn des Maschinenzeitalters im 19. Jahrhundert kann also auch als Geburtsstunde des Betrieblichen Vorschlagswesens betrachtet werden. Die Organisation der Produktion in Betrieben veränderte die Arbeit und erforderte ein Nachdenken in größeren Zusammenhängen. Das mechanistische Weltbild erlaubte eine beruhigende Vereinfachung der neuen komplexen Wirklichkeit: Es gab einen Input und – sofern die anschließenden Schritte in ihrer Abfolge logisch aufgebaut waren – am Ende einen Output, ein brauchbares Ergebnis.

Mechanistisches Weltbild

Im Geiste dieses Weltbildes nimmt die Gestaltung eines Betrieblichen Vorschlagswesens um 1880 konkrete Formen an. In Deutschland gilt Alfred Krupp als sein Begründer. Mehr als 130 Jahre nachdem die schwedische Kommission Vorschläge von Untertanen geprüft hatte, im Jahr 1872, formulierte Krupp das sogenannte General-Regulativ, das aus 72 Paragrafen besteht und Grundsätze der Geschäftsführung und der Unternehmensorganisation enthält. Unter Paragraf 13 ist zu lesen, wie die Unternehmensleitung Verbesserungsvorschläge entgegenzunehmen hat (*Erfolgsfaktor Ideenmanagement*, S. 219):

Alfred Krupp

Anregungen und Vorschläge zu Verbesserungen, auf solche abzielende Neuerungen, Erweiterungen, Vorstellungen über und Bedenken gegen die Zweckmäßigkeit getroffener Anordnungen, sind aus allen Kreisen der Mitarbeiter dankbar entgegenzunehmen und durch Vermittlung des nächsten Vorgesetzten an das Direktorium zu befördern, damit dieses die Prüfung veranlasse. Eine Abweisung der gemachten Vorschläge, ohne eine vorangehende Prüfung derselben, soll nicht stattfinden, wohingegen denn auch erwartet werden muss, dass eine erfolgte Ablehnung dem Betreffenden, auch wenn ihm ausnahmsweise nicht alle Gründe dafür mitgeteilt werden können, genüge, und ihm keineswegs Grund zu Empfindlichkeit und Beschwerde gebe. Die Wiederaufnahme eines schon abgelehnten Vorschlages unter verän-

derten tatsächlichen Verhältnissen oder in verbesserter Gestalt ist selbstredend nicht nur zulässig, sondern empfehlenswert.

Wirksam wird diese Regelung für das Betriebliche Vorschlagswesen allerdings erst 1888, also ein Jahr nach Alfred Krupps Tod.

Der Gedanke verbreitet sich Bereits 1880 führen die britische William Denny Shipbuilding Company und die amerikanische Yale & Towne Company als erste Unternehmen ein Betriebliches Vorschlagswesen ein. Fünfzehn Jahre später beginnen weitere deutsche Unternehmen mit der Einführung eines Betrieblichen Vorschlagswesens:

1895 Heinrich Lanz AG
1901 AEG Maschinenfabrik
1902 Borsig-Werke
1903 Hamburg-Berliner Jalousie-Fabrik Heinrich Freese
1904 Zeiss
1909 Farbenfabrik Bayer
1910 Siemens
1926 Henkel KGaA
1928 Phoenix
1928 Osram
1929 Deutsche Reichsbahn
1930 Flugzeugfabrik Ernst Heinkel
1932 Farbenwerke Hoechst
1932 Bosch GmbH
1932 Dresdner Gardinen und Spitzen Manufaktur AG

Beispiel AEG Eine Einführung ist immer verbunden mit einer Regelung der Abläufe, der Entscheidungswege und der Prämierung. Die erste dokumentierte Geldprämie für einen Verbesserungsvorschlag bei der AEG stammt aus dem Jahr 1901. Drei Jahre später wurde ein Gremium für Verbesserungsvorschläge gebildet, das die eingereichten Ideen prüfte und bewertete. Die entwickelten Bewertungskriterien und Abläufe bildeten später die Grundlage für alle Werke der AEG. Überliefert ist der Vorschlag eines Arbeiters, Plakate zur Aktivierung der Belegschaft aufzuhängen; einen Entwurf lieferte er gleich mit. Dem Vorschlag wurde zugestimmt, er wurde umgesetzt und prämiert.

Das Konzept „Vorschlagswesen" findet immer mehr Anhänger

Es ist vorstellbar, dass es einen Austausch über Landesgrenzen hinweg gegeben hat. Auslandsaufenthalte können eine Rolle für die Bekanntschaft mit dem Thema gespielt haben. So ist bekannt, dass Ernst August Paul von Borsig, der um 1902 mit seinen beiden Brüdern die Borsig-Werke leitete, selbst Fabriken im Ausland besuchte und auch technische Beamte zu ausgedehnten Studienreisen nach England und Amerika schickte.

Folgender Aufruf wird in *Erfolgsfaktor Ideenmanagement* zitiert, mit dem das Betriebliche Vorschlagswesen am 1. November 1902 in den Borsig-Werken eingeführt wurde:

Beispiel Borsig

Um den bei mir beschäftigten Beamten und Arbeitern Gelegenheit zu geben, an der Verfertigung, Fabrikation und Verbilligung der Einrichtungen meines Betriebes im allgemeinen mitzuarbeiten, will ich im besonderen alle ausführlichen Vorschläge, welche Verbesserungen der Konstruktion, der Arbeitsmethode oder der Werkstatteinrichtungen betreffen, prämieren. Die Verbesserungsvorschläge sind schriftlich zu machen, mit Namen und Datum zu bezeichnen und verschlossen in diesen Kasten zu werfen. Die Prüfung der Vorschläge auf ihre Verwendbarkeit erfolgt durch eine Kommission, nach deren Vorschlägen ich in jedem einzelnen Falle die Höhe der zu gewährenden Geldprämie bestimme. Durch diese Einrichtung will ich eine Anregung zu gemeinsamer Mitarbeit geben und erwarte von allen Beteiligten eine rege und verständige Benutzung derselben.

Nicht übersehen werden darf die Tatsache, dass in der zweiten Hälfte des 19. Jahrhunderts auch das Selbstbewusstsein der Arbeitnehmer wächst. So ist die Formulierung des General-Regulativs durch Alfred Krupp auch im Zusammenhang mit der Streikbewegung zu sehen. Das General-Regulativ stellt strenge Regeln für alle Mitarbeiter auf, sichert ihnen jedoch gleichzeitig weitreichende Rechte und Sozialleistungen zu. Allerdings werden gewerkschaftliche und sozialdemokratische Betätigung verboten.

Beispiel Freese Ähnliche Zusammenhänge ergibt die Recherche in Bezug auf den Großindustriellen Heinrich Freese. Auch er sieht seine Maßnahmen im Gegensatz zu den erstarkenden Gewerkschaften: 1884 führt Freese als Erster eine Arbeitervertretung ein, später eine Gewinnbeteiligung der Arbeitnehmer und nicht zuletzt verdankten seine Arbeiter ihm die Einführung des Achtstundentages. 1908 wurden auf dem Fabrikgelände Erholungsmöglichkeiten geschaffen und ein Kinderspielplatz fertiggestellt. In seiner Veröffentlichung *Konstitutionelle Fabrik* (Jena 1922) schreibt Freese:

Ich glaube, dass es der Industrie nur nützen kann, wenn dem System der Verbesserungsprämien mehr Aufmerksamkeit als bisher zugewendet wird. Die Leistungsfähigkeit mancher Betriebe und ihre Aussichten im internationalen Wettbewerb können dadurch nur vermehrt werden.

Friedrich Dessauer Eine nachhaltige Wirkung für das Vorschlagswesen hatte der Artikel *Die geistigen Kalkulations-Faktoren* des Radiologen, Physikers, Unternehmers und Publizisten Dessauer. Friedrich Dessauer (1881–1963) schreibt:

In einem Betrieb machte ich die Beobachtung, dass die Aufhängung von Betriebskästen für Arbeitervorschläge zuerst einen guten Anreiz gab; aber dann wurden in Konferenzen von unteren Vorgesetzten die Vorschläge, die fast immer irgendeinen oder einige Fehler neben brauchbaren Einzelheiten enthielten, bekämpft. Das geschieht aus Instinkt, weil es viele Vorgesetzte nicht gerne haben, wenn der Untergebene etwas findet, was sie selbst nicht gefunden haben. Und weil Arbeitervorschläge meistens Mängel haben, so bieten sie der Kritik Anlass. Die unteren Vorgesetzten brachten es fertig, dass die Institution nach kurzer Zeit versagte. Es wurden keine Vorschläge mehr gemacht. Die Einstellung des Betriebes zur Arbeiter-Initiative muss eben auch von dem Standpunkt des richtigen Einsatzes des Produktionsfaktors „Mensch" herrühren: Anerkennung seiner Würde, seiner Tüchtigkeit. Was immer brauchbar ist, muss man aufnehmen und die unteren Vorgesetzten dazu erziehen, sich darüber zu freuen, statt sich darüber zu ärgern und keinesfalls den Autor eines solchen Vorschlags nachher zu schikanieren. Gewiss steigen bei einem sol-

chen Verfahren, d. h. bei der Bindung des Interesses an die Produktion, die Einkommen der tüchtigen Arbeiter, aber diese Einkommenssteigerung ist verknüpft mit wesentlichen Verbesserungen der Kalkulation, da die Einkommenssteigerung stets nur ein Teil der Mehrleistung ist. Es schadet wirklich nichts, wenn Arbeitnehmer Vermögen sammeln. Im Gegenteil, das kann einem Betrieb nur nützlich sein.

Dass Realität komplexer ist, als ein einfaches mechanistisches Funktionsmodell nahelegt, lassen sowohl die Ausführungen Freeses als auch Dessauers durchblicken. Für lange Zeit aber bestimmt noch das Denken in einfachen Ursache-Wirkung-Zusammenhängen den Alltag. Schauen wir uns im Folgenden an, wie sich das Betriebliche Vorschlagswesen nach dem Zweiten Weltkrieg im Osten und im Westen Deutschlands entwickelte.

Vorschlagswesen im Osten Deutschlands

Auf Anordnung der Deutschen Wirtschaftskommission (zentrale deutsche Verwaltungsinstanz in der Sowjetischen Besatzungszone) übernahmen im Osten Deutschlands am 23. Oktober 1948 die sogenannten „Betriebsplanungsausschüsse" die Aufgabe, die Förderung des Betriebserfindungswesens und die Auswertung des Betrieblichen Vorschlagswesens einheitlich zu steuern. 15 Jahre später, also 1963, wurde das Vorschlagswesen unter dem Namen „Neuererbewegung" staatlicher Leitung und Planung unterstellt. Die Betriebe wurden zur Berichterstattung über die Ergebnisse der Neuererbewegung verpflichtet. Damit wurde das Vorschlagswesen staatlichen Zwängen unterworfen. 1988, dem letzten Jahr einer staatlichen Statistik vor der Wende, berichteten etwa 6.000 Betriebe in der ehemaligen DDR über ihre Ergebnisse. Ein Drittel der Betriebe hatte weniger als 500 Beschäftigte. Im Dezember 1989 wurde die Neuererbewegung der DDR außer Kraft gesetzt – die Regelungen der Bundesrepublik zum Vorschlagswesen wurden wirksam.

Unter staatlichen Zwängen

Vorschlagswesen im Westen Deutschlands

Das dib Seit 1954 ist das Deutsche Institut für Betriebswirtschaft in Frankfurt am Main (kurz dib) die Dachorganisation für das Betriebliche Vorschlagswesen in Deutschland. Initiator und Förderer des dib war Dr. Günther Höckel. Er veröffentlichte die Erfahrungen der Firmen beim Betrieblichen Vorschlagswesen in seinen Büchern *Keiner ist so klug wie alle* und *Das Vorschlagswesen hat Zukunft*.

Total Quality Management Der Ansatz des Total Quality Management (TQM) richtete die Aufmerksamkeit wieder stärker auf das Betriebliche Vorschlagswesen. Bei diesem mehrdimensionalen, unternehmens- und funktionsübergreifenden Konzept geht es um die Optimierung der Qualität von Produkten, Dienstleistungen, Verfahren und Arbeitsabläufen auf den verschiedenen Ebenen des Unternehmens durch Einbeziehung aller Mitarbeiter. Ziel ist auch eine stärkere Kundenorientierung. Neue Methoden, die sich aus dem TQM-Ansatz ergaben – wie Qualitätszirkel, Gruppenarbeit und Kaizen bzw. der Kontinuierliche Verbesserungsprozess (KVP) – wurden auch in deutschen Unternehmen eingeführt. Zunächst jedoch interpretierte man sie oft als Konkurrenz zum Betrieblichen Vorschlagswesen. Die neuen Methoden hatten allerdings – im Rückblick betrachtet – eine positive Wirkung auf das Betriebliche Vorschlagswesen: Es konnte sich von einem reinen Rationalisierungswerkzeug zum Führungs- und Motivationsinstrument verändern.

Der Kontinuierliche Verbesserungsprozess

Das Prinzip der kleinen, aber stetigen Verbesserungen kam in den 80er-Jahren des letzten Jahrhunderts aus Japan nach Europa. Ziel ist die Verbesserung von Abläufen, Produktionsprozessen bzw. Produkten, allerdings nicht durch umfangreiche, einschneidende Maßnahmen oder Innovationen, sondern durch kleine Veränderungen, die durch das Mitdenken aller Mitarbeiter entstehen. Es geht um eine Fülle an Verbesserungsvorschlägen, die schnell umgesetzt werden und deren Ergebnisse rasch sichtbar werden.

Den wichtigsten Impuls gab die Veröffentlichung des Buches *KAIZEN* von Masaaki Imai (1986 in der englischen und 1992 in der deutschen Fassung veröffentlicht, © THE KAIZEN Institute Ltd.), der deutlich machte, dass Kaizen – der kontinuierliche Verbesserungsprozess – weniger eine Methode ist als eine Denkweise, ja mehr noch: eine Lebenshaltung. Als Übersetzung des japanischen Begriffs KAIZEN wird angegeben: Kai = Veränderung, Wandel; Zen = zum Besseren.

Der Prozess der kontinuierlichen Verbesserung baut auf einem Konzept des amerikanischen Qualitätsexperten William Edward Deming aus den 50er-Jahren des 19. Jahrhunderts auf. Der Deming-Kreis beschreibt vier ständig wiederkehrende Aufgaben, die in einem endlosen Prozess die kontinuierlich notwendigen Verbesserungen antreiben.

Plan → Planen
Do → Durchführen
Check → Kontrollieren
Act → Handeln bzw. Verbessern

Die Unternehmen verabschiedeten sich allmählich vom traditionellen Vorschlagswesen und setzten zunehmend das Vorgesetzten-Modell (siehe Seite 46) ein, bei dem die Verantwortung für ein funktionierendes Ideenmanagement bis zur untersten Führungsstufe erweitert wird. Was können wir uns heute unter „Ideenmanagement" vorstellen?

Damit sind wir – nach einem kurzen Blick zurück – wieder in der Gegenwart angelangt. Wenn wir Geschichte als Geschenk betrachten, wenn wir aus der Fülle an Erfahrungen und Konzepten das Beste nutzen und mit Neuem verknüpfen wollen, um es für die Zukunft sinnvoll weiterzuentwickeln – was hat das Ideenmanagement uns dann zu bieten?

Ideenmanagement heute – eine Definition

Ideenmanagement baut auf mindestens zwei Säulen auf: Die erste Säule bildet das klassische Betriebliche Vorschlagswesen, bei dem es darum geht, Vorschläge in anderen Bereichen zu finden (der eigene Aufgabenbereich ist explizit ausgeschlossen). Diesen Teil nennt man den ungesteuerten Prozess, weil vonseiten des Unternehmens sehr wenig getan wird, um die Ideen der Mitarbeiter zu steuern. Entweder haben Mitarbeiter Ideen oder nicht.

Betriebliches Vorschlagswesen

Die zweite Säule ist der Kontinuierliche Verbesserungsprozess (KVP). Beim KVP rückt vor allem der eigene Aufgabenbereich in den Blickpunkt. Das Motto lautet: Hier ist der Mitarbeiter Fachmann, also kann er in diesem Bereich viel leichter Verbesserungspotenzial erkennen als andere. Diesen Teil des Ideenmanagements nennen wir den „gesteuerten Prozess", weil aus Sicht des Unternehmens die Themen, zu denen Verbesserungen entwickelt werden, gesteuert werden können.

KVP

Neben dem gesteuerten und dem nicht gesteuerten Prozess gibt es weitere Säulen: alle Prozesse, an denen Mitarbeiter beteiligt sind, wie zum Beispiel Total Productive Maintenance (TPM), die Qualitätszirkel und Six Sigma (siehe Glossar).

Im nächsten Kapitel geht es darum, wie das Ideenmanagement erfolgreich initiiert werden kann.

2. Grundlagen schaffen: Zutaten für ein gelungenes Ideen- management

Der Blick in die Geschichte hat uns gezeigt: Menschen bringen ständig Neues hervor, sei es aus einem angeborenen Spieltrieb heraus oder als Folge der Umstände, also als Reaktion auf einen Sachzwang, eine innere oder äußere Notwendigkeit. Häufig stand ganz einfach die Neugier Pate, der reine Wissensdrang. Immer wieder traten aber auch Menschen als Impulsgeber auf, als Auftraggeber für Neuentwicklungen.

Der Sputnik-Schock Erst spät tauchte der Gedanke auf, die Entstehung neuer Ideen zu unterstützen, zu organisieren, zu managen. Nämlich zu Zeiten des Kalten Krieges als Folge des sogenannten „Sputnik-Schocks": Die Fortschritte der UdSSR in der Weltraumtechnik bewirkten in den USA eine intensive Beschäftigung mit dem Thema Kreativität. Der schöpferische Prozess und seine Rahmenbedingungen wurden eingehend untersucht und spezielle Techniken zur Unterstützung der Ideenfindung entwickelt.

Die Natur macht es uns vor Nun soll es in diesem Buch um das Management von Ideen gehen. Da könnten Sie die Frage stellen: Müssen Ideen gemanagt werden? Jeder Hobbygärtner weiß: Pflanzen gedeihen bei geeigneten Wachstumsbedingungen (Licht, Wasser, Nährstoffe, Klima) und guter Pflege besser als ohne diese unterstützenden Faktoren. Je mehr fachgerechte Betreuung, desto besser die Ergebnisse. Ideen sind wie Pflanzen: Löwenzahn kann sich – wie andere Wiesenblumen auch – durch Asphalt kämpfen. Bäume tragen Früchte, auch ohne menschliches Eingreifen. Kräuter sprießen, auch wenn kein Gärtner sie ausgesät hat. Und die letzten Urwälder legen immer noch Zeugnis davon ab, wie die Natur kontinuierliches Wachstum durch sinnreiche Kreisläufe regelt. Seit Jahrtausenden werden Pflanzen kultiviert, sei es, um Erträge zu steigern oder wegen des ästhetischen Genusses. Auch die Entstehung von Ideen kann unter geeigneten Bedingungen und bei angemessener Pflege gefördert werden. Wie der Gärtner oder Gartengestalter sich Ziele setzt, an der Erreichung seiner Ziele arbeitet, experimentiert, Thesen aufstellt und verwirft, Abläufe verändert und verbessert, so kann jedes Unternehmen etwas für das Gedeihen von Ideen tun.

Natürlich können Sie der Natur in Ihrem Garten freien Lauf lassen. Genauso können Sie in Ihrem Unternehmen abwarten und hoffen, dass Ideen einfach so entstehen. Wenn Sie allerdings Ihre Unternehmensziele erreichen wollen, sollten Sie es nicht allein dem Zufall überlassen, wann und ob eine Idee es schafft, den „Asphalt" zu durchbrechen. Selbstverständlich kommen Ihre Mitarbeiter auch von alleine auf Ideen. Die Frage ist nur, wann? Und ob sie ihre guten Ideen in Ihr Unternehmen einbringen oder vielleicht eher in die Entwicklung ihres Vereins, in die Unterstützung der Schule ihrer Kinder oder in den Aufbau der eigenen Selbstständigkeit.

Gute Ideen nicht brachliegen lassen

Fragen Sie sich:

- Bietet Ihr Unternehmen gute Wachstumsbedingungen?
- Ist das Klima in Ihrem Betrieb für die Entstehung von Ideen und – weiter gedacht – die Entfaltung der Mitarbeiter geeignet?

Wenn Sie feststellen, dass in Ihrem „Unternehmens-Garten" die Radieschen pelzig werden, die Obstbäume kümmern, der Lavendel verkahlt, die Äpfel schrumpeln, die Erdbeeren schimmeln, der Kopfsalat fault ... spätestens dann ist es an der Zeit, über geeignete Wachstumsbedingungen und Pflege nachzudenken, denn schließlich wollen Sie doch schmackhafte Früchte ernten, oder etwa nicht?

Rahmenbedingungen für das Ideenmanagement

Rahmenbedingungen sind Parameter, also die veränderlichen – und damit auch veränder*baren* – Größen, die einen Prozess beeinflussen. Zu den Rahmenbedingungen der Arbeit zählen beispielsweise Arbeitsraum, Arbeitsorganisation, Arbeitszeit, Entlohnung, aber auch Unternehmens-, Kommunikations- und Fehlerkultur. Zu den Rahmenbedingungen für Kreativität gehört vor allem die Organisationskultur, das Betriebsklima.

Garant für das Gelingen: gutes Betriebsklima

Menschenbild prägt Betriebsklima

Das Betriebsklima legt Zeugnis davon ab, welches Menschenbild den Umgang miteinander und die Abläufe in einer Organisation prägt. Jeder von uns hat ein Bild vom Menschen, das seine Einstellungen und sein Verhalten prägt: einen Katalog von – häufig unbewussten und ungeprüft übernommenen – Annahmen. Tatsache ist, diese Annahmen wirken. Tatsache ist weiter: Nur wenn uns die Annahmen bewusst sind, können wir unseren Katalog gezielt verändern und selbst gestalten.

Fragen Sie sich: Wie sieht Ihr eigenes Welt- und Menschenbild aus? Wie hören sich Ihre eigenen Annahmen (wir könnten auch sagen Vorurteile) an? Im Anhang finden Sie einige Fragen, mit deren Hilfe Sie sich Klarheit verschaffen können (Anhang, Seite 122). Vielleicht möchten Sie nach der Beschäftigung mit diesen Fragen noch einmal darüber nachdenken, was Sie an Ihrer Unternehmenskultur ändern müssten, damit die Einführung eines Ideenmanagements Aussicht auf Erfolg hat?

Kreativität kann nicht befohlen werden

Die Ursachen, die zu (Arbeits-)Unzufriedenheit führen, sind komplex. Das darf aber nicht daran hindern, sich damit zu befassen, denn ein unzufriedener Mitarbeiter wird weder bereit noch in der Lage sein, sich Gedanken über Verbesserungen zu machen. Kreativität kann nämlich nicht befohlen werden. (Übrigens: Abwesenheit von Unzufriedenheit bedeutet noch lange nicht Zufriedenheit.)

Mehr als die Hälfte der Arbeitnehmer in Deutschland bringt am Arbeitsplatz nicht die volle Leistung, so meldet die Zeitschrift impulse in ihrem E-Mail-Newsletter im April 2010 unter Berufung auf eine bundesweite Umfrage des Meinungsforschungsinstituts Forsa. Befragt wurden 1001 Arbeitnehmer, was sie daran hindere, am Arbeitsplatz die optimale Leistung zu bringen. Als Hauptgrund werden Probleme am Arbeitsplatz genannt (60 Prozent). Gemeint sind damit vor allem mangelnde Wertschätzung, innerbetriebliche Veränderungen und fehlende Leistungsmöglichkeiten. Jeder Zweite (53 Prozent) gibt psychische Belastungen als Ursache an, etwa ebenso viele (54 Prozent) körperliche Beschwerden. Jeder dritte Arbeitnehmer in Deutschland leidet unter Stress, ein Viertel fühlt sich erschöpft. Bei den körperlichen Beschwerden werden mit Abstand am häufigsten Rücken- und Gliederschmerzen genannt, Kopfschmerzen rangieren auf Rang zwei. 41 Prozent führen ihre Leistungsminderung auf private und familiäre Sorgen zurück. Das Zusammentreffen von verschiedenen Beschwerden, Problemen und Sorgen führt letztlich dazu, dass neun von zehn belasteten Mitarbeitern sich als nicht voll leistungsfähig einschätzen. Bezogen auf alle Arbeitnehmer in Deutschland bedeutet das nach Berechnungen des Hamburger Weltwirtschaftsinstituts eine Leistungsminderung von 15 Prozent gleich 262 Milliarden Euro pro Jahr.

Und was hilft Mitarbeitern dabei, zufriedener zu sein? Teresa M. Amabile und Steven J. Kramer geben im Harvard Business Manager (Mai 2010) eine Antwort, die vielleicht manchen überrascht.

Arbeitsfortschritt motiviert

Die Manager setzten „Anerkennung für gute Arbeit" (öffentlich oder im Vier-Augen-Gespräch) klar auf Platz eins. Leider liegen sie damit völlig falsch. Gerade erst haben wir eine mehrjährige Studie beendet, in der wir die alltäglichen Handlungen, Gefühle und Motivationsniveaus von Hunderten von Wissensarbeitern mit ganz unterschiedli-

chem beruflichen Hintergrund über einen längeren Zeitraum hinweg aufgezeichnet haben. Daher wissen wir nun, welcher Faktor am stärksten beeinflusst. Es ist ausgerechnet jenes Kriterium, das die befragten Führungskräfte mit Abstand auf dem letzten Platz sahen: Fortschritte bei der Arbeit.

Nun könnten Sie einwenden, dass es in der erwähnten Studie um Wissensarbeiter ging. Dann führen Sie doch einfach selbst einen Test durch, indem Sie Ihre Mitarbeiter und Kollegen in der Produktion direkt befragen.

Was kann ein modernes Ideenmanagement leisten?

Argumente für Ideenmanagement

Wir brauchen ein Management für Ideen, weil es dazu führt, über die Bedingungen für gute Ideen in Organisationen nachzudenken und eine Systematik der Abläufe zu schaffen, die es nicht dem Zufall überlässt, ob sinnvolle Verbesserungsideen der Mitarbeiter erkannt und umgesetzt werden. Ideenmanagement nützt nicht nur Organisationen und Unternehmen, es könnte auch in vielen anderen Lebensbereichen (Beispiel Ehrenamt) sinnvoll sein. Und zwar aus drei Gründen:

1. Ideenmanagement schafft ein Bewusstsein und sichert Wertschätzung, zum Beispiel dafür, dass ein Mitarbeiter mit dem Ideenfindungsprozess Eigeninitiative entwickelt, dass er unternehmerisch denkt und handelt.
2. Ideenmanagement kann die bestmöglichen Rahmenbedingungen schaffen, also den Nährboden, auf dem Kreativität und damit Ideen und letztendlich auch Innovationen gedeihen können.
3. Mit einem guten Ideenmanagement geht keine Idee verloren. Nur erfasste, dokumentierte Ideen können – auch zu einem späteren Zeitpunkt noch – aufgegriffen, bewertet und umgesetzt oder weiterentwickelt werden. Die Umsetzung ist wichtig, denn erst sie rundet den Prozess ab und macht aus Ideen gestaltete Gegenwart. Dafür werden alle, auch die scheinbar kleinen oder vermeintlich unwichtigen Ideen gebraucht.

Hinter dem Begriff „Ideenmanagement" verbirgt sich ein ganzer Kosmos. Aus der Flugzeugperspektive betrachtet zeigen sich zahlreiche Freiräume, und zwar für

Ideenmanagement schafft Freiräume

- das spielerische Ausprobieren ungewöhnlicher Perspektiven,
- Denk-Experimente und die Schaffung nie geahnter neuer Denkwege,
- das Infragestellen,
- die Veränderung bekannter Werkzeuge und Methoden,
- Verbesserung und Entwicklung,
- das Abklopfen von Kriterien,
- die Erweiterung eines vorhandenen Repertoires,
- die Schärfung des Gespürs,
- das Training und die Verbesserung des Beurteilungsvermögens,
- die Anwendung aller erworbenen Kenntnisse und des gesamten Fachwissens für die Umsetzung.

Und – keinesfalls zu unterschätzen – das Wort „Ideenmanagement" steht auch für eine gute Prise Leidenschaft und Durchhaltevermögen, denn der Weg bis zur Umsetzung sollte nicht nur unterhaltsam gestaltet werden, er muss auch zu Ende gegangen werden.

Fassbare und nachprüfbare Ergebnisse der Ideenfindung und -umsetzung schlagen sich in der Statistik zum Ideenmanagement nieder. Seit 1984 sammelte Christiane Kersting im dib-Report die Daten des Ideenmanagements für Deutschland, wertet sie aus und bereitet sie für die Veröffentlichung auf. (Kontakt: www.zentrum-ideenmanagement.de). Sie finden die Statistiken für die Jahre 2005 bis 2009, aufbereitet nach Branchen und Firmengröße, im Internet (www.dib.de/index.php?id=116). Die Zahlen für 2009 dokumentieren, dass die gesamten Einsparungen (aus rechenbaren und nicht rechenbaren Verbesserungsvorschlägen) aller (nur!) 246 Unternehmen und Öffentlichen Körperschaften aus 17 Branchen, die sich an der Statistik beteiligt haben, 1,55 Milliarden Euro betragen, das sind 7 Millionen Euro mehr als 2008! Da stellt sich die Frage: Welche Argumente haben Unternehmen eigentlich dafür, dass sie noch *kein* Ideenmanagement haben?

Enormes Einsparungspotenzial

Bestandteile des Ideenmanagements

Alle Unternehmen und Organisationen, die im dib-Report erfasst sind, haben ein Ideenmanagement-System. Um ein solches System aufzubauen, stellen Sie sich folgende Grundsatzfragen:

> **Grundsatzfragen des Ideenmanagements**
> 1. Was ist eine Idee?
> 2. Was sind die Ziele des Ideenmanagements?
> 3. Welche Bestandteile hat ein Ideenmanagement?
> 4. Welche Aufgaben hat der Ideenmanager?
> 5. Welche der drei unterschiedlichen Organisationsformen (Zentrales Modell, Vorgesetzten-Modell, Mischmodell) wird eingesetzt – und damit verbunden: Welche Abläufe gibt es?

Aufbau und Gestaltung der Systeme können durchaus unterschiedlich sein, abhängig vor allem davon, wie die fünfte Frage beantwortet wird. In den Antworten auf die ersten vier Fragen wird es durchaus Gemeinsamkeiten geben.

Was ist eine Idee?

Kreativ Probleme lösen — Es ist eine Sache des gesunden Menschenverstands, dass Kreativität nicht in allen Unternehmensbereichen für alle Tätigkeitsfelder und Prozesse angesagt ist. Für einen kreativen Umgang mit Zahlen oder finanziellen Ressourcen wird niemand (ernsthaft) plädieren. Kreativität ist aber durchaus immer gefragt, wenn es um Problemlösung und um Optimierung geht.

Betriebsvereinbarung steckt Rahmen fest — Welche Ideen können eingereicht werden? Ist alles erlaubt? Wenn ja, würde das nicht ausufern? Ein wichtiger Einwand. Tatsächlich muss eingegrenzt werden. Eine Betriebsvereinbarung ist hilfreich, damit alle Beteiligten wissen, worum es konkret und im Detail geht. Und worum nicht. Es ist durchaus vorstellbar, dass dann zukünftig diese Betriebsvereinbarung nicht mehr gebraucht wird, so wie eine Leiter überflüssig werden kann, nachdem man mit ihr eine höhere Ebene erreicht hat. Wenn das Betriebsklima sehr gut ist, alle an einem Strang ziehen und sich mit gleichem Verantwortungsbewusstsein für dieselben Ziele einsetzen, wird eine Betriebsvereinbarung vielleicht nicht nur überflüssig, sondern eher hinderlich sein. So weit ist die Entwicklung jedoch in den meisten Unternehmen noch nicht.

Die Definition dessen, was eine Idee oder ein Verbesserungsvorschlag ist, muss in jeder Betriebsvereinbarung zum Ideenmanagement stehen.

Idee = Verbesserungsvorschlag

Hier ein Beispiel aus einer Betriebsvereinbarung:

Ein Verbesserungsvorschlag (VV) ist eine schriftlich eingereichte oder mündlich vorgetragene Anregung oder Idee,

- *die einen konkreten Lösungsweg aufzeigt und*
- *deren Verwirklichung eine Kostenersparnis, einen anderen wirtschaftlichen Nutzen, eine Verbesserung der Arbeitssicherheit, des betrieblichen Umweltschutzes, Gesundheitsschutzes und der Arbeitssituation oder einen sonstigen Nutzen für das Unternehmen erwarten lässt und*
- *die die zugewiesene Tätigkeit oder einen zugewiesenen Sonderauftrag übersteigt. Vorschläge aus dem eigenen Aufgabengebiet sind damit grundsätzlich zugelassen.*

Konkret bedeutet das: Zuerst muss der Ist-Zustand beschrieben werden, dann der vorgeschlagene Ideal-Zustand und drittens der Weg, der beschritten werden muss, damit der Ideal-Zustand erreicht wird. Die – manchen kompliziert erscheinende – Formulierung oben spiegelt mehr als 130 Jahre Erfahrung mit dem Betrieblichen Vorschlagswesen bzw. Ideenmanagement wider. Ebenso der Zusatz:

Vom Ist-Zustand zum Ideal-Zustand

Ausschluss von Verbesserungsvorschlägen

Ein Verbesserungsvorschlag liegt nicht vor, wenn zu seiner Verwirklichung gesetzliche Bestimmungen geändert werden müssten. Ein

Vorschlag wird nicht als Verbesserungsvorschlag im Rahmen des Ideenmanagements behandelt, sondern als Arbeitnehmererfindung nach den Bestimmungen des Gesetzes über Arbeitnehmererfindungen, wenn die Anwendung eines Patentes oder Gebrauchsmusters infrage kommt.

Was sind die Ziele des Ideenmanagements?

Die Frage nach den Zielen beantwortet unsere Beispiel-Betriebsvereinbarung so:

Das Ideenmanagement hat die Aufgabe, Ideen und Anregungen der Beschäftigten zur Verbesserung von Wirtschaftlichkeit und Wettbewerbsfähigkeit aufzugreifen, anzuerkennen und zu nutzen. Es bietet den Beschäftigten die Möglichkeit, sich freiwillig auch über die ihnen übertragenen Aufgaben hinaus aktiv an der Gestaltung des Betriebsgeschehens zu beteiligen. Es soll die kreativen Fähigkeiten der Beschäftigten fördern und sie zur konstruktiven Mitarbeit motivieren.

Ideenmanager als Dolmetscher

Leider erinnert die Sprache der Betriebsvereinbarungen sehr an Vertrags- oder Gesetzestexte. Da stellt sich die Frage: Können Mitarbeiter denn damit etwas anfangen? Die Antwort: Erstens gibt es einen „Dolmetscher", nämlich den Ideenmanager. Zweitens darf man sich nicht vorstellen, dass ein neues oder modernes Ideenmanagement in wenigen Tagen oder Wochen geplant, verabschiedet und umgesetzt, also installiert ist. Die Einführung eines Ideenmanagements sollte auch nicht mit der Betriebsvereinbarung anfangen, die Sie Ihren Mitarbeitern kommentarlos zumuten. Vielmehr sollten alle Beteiligten Schritt für Schritt an das Ideenmanagement herangeführt werden. Die Betriebsvereinbarung ist die sehr komprimierte Fassung dessen, was in einem Unternehmen, in einer Organisation, gelebt werden sollte. Es ist wie eine Formel: reduzierte Essenz. Und diese „eingedampfte" Fassung muss erst wieder entfaltet und mit Leben gefüllt werden.

Zur Verdeutlichung hier der Erfahrungsbericht zum Stellenwert einer Betriebsvereinbarung von Erich F., Geschäftsführer der Xenophil Bauteile GmbH:

Erfahrungsbericht

Als ich das Unternehmen übernommen habe, gab es ein traditionelles Betriebliches Vorschlagswesen, das mir sehr veraltet erschien. Hätten wir einfach eine neue Betriebsvereinbarung entwickelt, den Mitarbeitern in die Hand gedrückt und gefordert: „Jetzt macht mal bitteschön! Reicht Ideen ein – ihr kriegt auch was dafür!" Das wäre mit Sicherheit schiefgelaufen. Unsere Betriebsvereinbarung in der jetzigen Form entstand zu einem gezielt gewählten Zeitpunkt und besiegelte praktisch das, was bis dahin in einem bewusst gesteuerten Prozess gewachsen war. Nach vielen intensiven, zum Teil auch kontroversen Diskussionen, aber letztlich doch einvernehmlich.

Die Einführung eines Ideenmanagement-Systems ist also ein komplexer Prozess, der gut vorbereitet, geplant und mit Bedacht umgesetzt werden muss. Die Xenophil Bauteile GmbH wird uns im Weiteren als Fallbeispiel dienen, um einige Aspekte des Ideenmanagements zu beleuchten. Wir bedienen uns dabei der – zugegeben subjektiv gefärbten – Perspektive des Erich F. aus Ratingen.

Die Xenophil Bauteile GmbH

Erich F. hat Maschinenbau und Betriebswirtschaft studiert und ist seit vier Jahren Inhaber und Geschäftsführer des kleinen, international tätigen Unternehmens, das in der Zentrale 298 Mitarbeiter beschäftigt; mehr als zwei Drittel davon sind in der Produktion tätig. Das Unternehmen, das von seinem Großvater gegründet wurde, war ihm bereits durch Ferienjobs aus der Schulzeit vertraut. Neben dem Studium und danach sammelte er nicht nur im Familienbetrieb Erfahrungen, sondern auch in anderen Unternehmen aus der eigenen und aus anderen Branchen.
Die Theorie des Betrieblichen Vorschlagswesens lernte Erich F. während des Studiums kennen, als er sich mit dem Thema Total Quality Management beschäftigte. Dadurch waren ihm auch zum Beispiel Qualitätszirkel, Kontinuierlicher Verbesserungsprozess, Total Productive Maintenance, Customer Relati-

onship Management und Kreativitätstechniken vertraut, also die Elemente, die als integraler Bestandteil eines modernen Ideenmanagements das Betriebliche Vorschlagswesen komplettieren. Vor dem Hintergrund dieser erweiterten Sichtweise erschien ihm das vom Vater eingeführte Betriebliche Vorschlagswesen unbefriedigend. Es schöpfte – nach seiner Einschätzung – nicht wirklich das bei den Mitarbeitern erkennbare Potenzial aus.

Als er vor vier Jahren, nach dem plötzlichen Unfalltot seines Vaters, die Geschäftsführung übernahm, stand sein Entschluss fest: Er wollte behutsam aber zügig ein modernes Ideenmanagement einführen.

· ·

Schauen wir uns aber zunächst an, welche Bestandteile ein gut funktionierendes Ideenmanagement hat.

Was braucht ein ideales Ideenmanagement?

Ein lebendiges, funktionierendes Ideenmanagement braucht – wie ein guter Kuchen oder ein gesundes, nahrhaftes Brot – die richtigen Zutaten in der richtigen Reihenfolge, durch die richtige Zubereitung miteinander vermischt.

Firmenleitung sagt Ja
Die wichtigste Grundlage ist das umfassende Ja der Firmenleitung zum Thema Ideenmanagement: Die Leitung des Unternehmens, der Organisation, muss – auf Basis eines umfassenden Wissens, worum es geht – überzeugt, äußerst motiviert, realistisch und fördernd eingestellt sein. Ebenso müssen sämtliche Führungskräfte wissen, worum es geht, und überzeugt sowie sehr motiviert sein.

Gutachter
Das Gleiche gilt für die Gutachter. Ihr Interesse und ihre Motivation werden dadurch gestärkt, dass sie über ein spezielles Zeitbudget für ihre – das Ideenmanagement betreffenden – Aufgaben verfügen können. Wenn Firmenleitung und Führungskräfte das Ideenmanagement aus vollster Überzeugung bejahen und das auch vorleben, werden auch die Gutachter im Unternehmen wert-

geschätzt. Schließlich weiß jeder, dass sie eine wichtige Aufgabe betreuen, die nicht immer einfach ist.

Ideenmanagement braucht einen Kümmerer und Dolmetscher, diese Aufgaben erfüllt der Ideenmanager. Er ist mit Kompetenzen und einem angemessenen Budget ausgestattet. Und – wie der Gutachter – erfreut er sich allgemeiner Wertschätzung im Unternehmen. Je nach Firmengröße kann es sinnvoll sein, dass der Ideenmanager durch Mitarbeiter unterstützt wird.

Ideenmanager

Als Folge aus dem zuvor Genannten ergibt sich die nächste „Zutat" für ein gelungenes Ideenmanagement: Mitarbeiter, die den Aussagen der Führungskräfte („Der Mensch steht bei uns im Mittelpunkt!") Vertrauen schenken können, sind interessiert, motiviert, begeistert, aktiv.

Motivierte Mitarbeiter

In einem solchen Betriebsklima sind auch die Betriebsräte informiert, begeistert, unterstützend und beratend mit im Boot. Und nicht zuletzt gibt es eine Betriebsvereinbarung, die alle wesentlichen Eckdaten des Ideenmanagements schriftlich zusammenfasst.

Betriebsräte und Betriebsvereinbarung

Unerlässlich sind auch die Ressourcen: Es steht eine geeignete Infrastruktur zur Verfügung, die allen Beteiligten bekannt ist und die kontinuierlich optimiert wird. Als Folge davon fließen alle wichtigen Informationen regelmäßig an die Mitarbeiter. Alle, auch Lieferanten, Zulieferer und Kunden, kennen das Ideenmanagement (die Abläufe, Ansprechpartner, Bewertungskriterien usw.). Mitarbeiter und Gutachter werden zudem stetig in materieller und immaterieller Form bei der Wahrnehmung des Ideenmanagements unterstützt.

Ressourcen

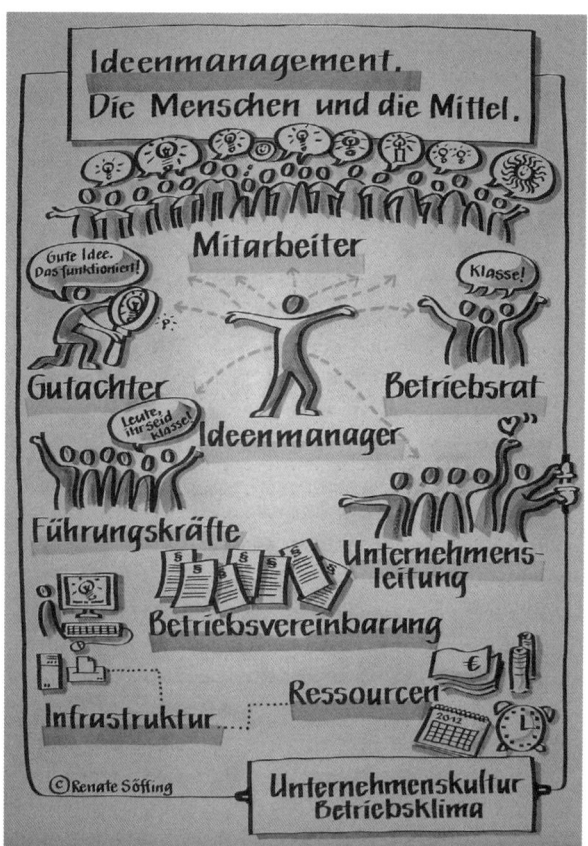

Stellen Sie sich folgende Fragen:

- Sind die Voraussetzungen für das Gelingen eines Ideenmanagements in Ihrer Organisation vorhanden oder können sie geschaffen werden?
- Sind Sie sicher, dass die Einführung eines Ideenmanagements zu den gelebten Leitlinien und zur Kultur Ihres Unternehmens passt?

Diskutieren Sie diese Fragen mit Ihren Kollegen!

Aufgaben des Ideenmanagers

Als Koordinator hat der Ideenmanager zahlreiche Aufgaben:

- Zielsetzung formulieren
- Zielgruppen kennenlernen, am besten durch viele, viele Gespräche
- Strategische Vorgehensweise entwickeln
- Betriebsvereinbarung erstellen
- Timing bestimmen
- Ideenmanagement einführen
- Kommunikationsmaßnahmen (Marketing) entwickeln und gestalten (mehr hierzu in Kapitel 4)
- Nach der Kick-off-Veranstaltung weitere, zeitlich aufeinander abgestimmte Ereignisse planen und organisieren (mehr zur Einführungsveranstaltung in Kapitel 5)
- Ergebnisse prüfen
- Kontinuierlich(e) Verbesserungsschritte für die weitere Entwicklung des Ideenmanagements ableiten
- Beteiligte schulen, coachen
- Motivieren
- Beraten
- Moderieren
- Schlichten
- System verwalten
- Netzwerke aufbauen und darin arbeiten

Klare Zielsetzung

Die festgelegten und formulierten Ziele müssen für alle verständlich formuliert werden. Verständlich, damit Vertrauen entsteht, alle Beteiligten motiviert sind und damit das, was verabredet wurde, verbindlich ist.

Im Kontakt mit den Zielgruppen

Die jeweiligen Zielgruppen lernt der Ideenmanager am besten und am nachhaltigsten durch viele, viele persönliche Gespräche kennen. Zuhören ist angesagt und fragen. Und wieder zuhören. Aus dem, was er von seinen Gesprächspartnern erfährt, können oft schon wieder neue Verbesserungsideen entstehen. Durch persönliche Gespräche stabilisiert der Ideenmanager das Vertrauen der

Einreicher und hilft immer wieder, Schwachstellen zu identifizieren. Im Idealfall setzt sich der Kümmerer mit Herz und Verstand für die Umsetzung eines lebendigen Ideenmanagements ein.

Erfahrung ist notwendig Der Ideenmanager hat ein vielfältiges, sehr spannendes Tätigkeitsfeld. Die Vielseitigkeit, die ihm abverlangt wird, setzt verständlicherweise eine gute Portion Erfahrung voraus. Man sollte also nicht direkt nach der Ausbildung oder nach dem Studium als Ideenmanager anfangen.

Die abgeschlossene Ausbildung muss durch eine mehrjährige Berufstätigkeit ergänzt werden, denn nur so entsteht Erfahrung mit den Abläufen und Herausforderungen in Unternehmen.

Genauso wichtig sind jedoch Erfahrung und Gespür im Umgang mit Menschen, in gruppendynamischen Prozessen beispielsweise. Selbstkompetenz, Sozialkompetenz, Methodenkompetenz sind unerlässliche Voraussetzungen – und in den meisten Arbeitsbiografien finden wir diese Grundfähigkeiten erst nach einigen Jahren Berufserfahrung.

- **Selbstkompetenz:** Dazu gehört alles, was mit der Steuerung der eigenen Persönlichkeit zu tun hat. Grundvoraussetzung ist – neben bewusster (Selbst-)Wahrnehmung – das, was man als die Fähigkeit, mit sich selbst zu kommunizieren, bezeichnen könnte. Flexibilität und selbstständiges Arbeiten gehören ebenso dazu wie Kritik- und Konfliktfähigkeit.
- **Sozialkompetenz:** Sie beinhaltet zum Beispiel die Fähigkeiten, mit anderen zu kommunizieren, Gruppenprozesse sinnvoll und zielgerecht zu steuern (Moderation), die Fähigkeit, auf der Meta-Ebene zu beobachten und zu denken. Letzteres bedeutet: Abstand nehmen können und über den Kommunikationsprozess nachdenken können. Und selbstverständlich Einfühlungsvermögen (Empathie), Team- und Kundenorientierung.
- **Methodenkompetenz:** Umfasst zum Beispiel analytisches Denken und die Beherrschung verschiedener Arbeitstechniken, damit strukturiertes und ergebnisorientiertes Arbeiten gewährleistet sind.

Es wäre der Idealfall, wenn ein Kandidat alle erwähnten Anforderungen erfüllt und über alle gewünschten Kompetenzen bereits verfügt. Natürlich muss ein Ideenmanager-Anwärter das nicht alles schon mitbringen. Aber es sind die Parameter, die ein Personalentwickler im Idealfall ansetzt, wenn es darum geht, einen Ideenmanager zielgerichtet und wirkungsvoll zu unterstützen bzw. weiterzuentwickeln. Und es sind die Anlagen und Fähigkeiten, auf die in Trainings und Coachings, die speziell für Ideenmanager angeboten werden, Nachdruck gelegt wird (siehe hierzu www.zentrum-ideenmanagement.de).

Außerdem sollte ein Ideenmanager noch folgende Kenntnisse und Fähigkeiten mitbringen:

Notwendige Kenntnisse

- Einfühlungsvermögen
- Durchsetzungsvermögen
- Toleranz
- Kommunikationsstärke, dazu gehören auch Offenheit und die Fähigkeit, zuhören zu können
- Analytische und konzeptionelle Fähigkeiten
- Teamfähigkeit
- Betriebswirtschaftliche Kenntnisse
- Branchenspezifisches (z. B. technisches) Verständnis und Wissen
- EDV-Kenntnisse

Einfühlungsvermögen ist wichtig, weil der Ideenmanager mit den unterschiedlichsten Menschen zu tun hat. Er muss sich immer gleichzeitig in unterschiedliche Perspektiven hineinversetzen können: in die des Einreichers, der Führungskraft, der Unternehmensleitung, des Betriebsrats, des Gutachters. Er muss die Ziele der Betriebs- und Personalräte ebenso nachvollziehen können wie die Vorgaben der Firmenleitung. Ein Ideenmanager braucht auch Toleranz im Denken und Verhalten, damit er sich ohne Vorbehalte für die Vorschläge aller Einreicher mit gleichem Engagement einsetzen kann.

Interessenausgleich zwischen den Beteiligten

Durchsetzungsvermögen ist eine der wichtigsten Voraussetzungen, weil es in jedem Unternehmen auf allen Ebenen Widerstände gibt. Dennoch die Ziele des Ideenmanagements im Auge zu behalten, dafür braucht der Kümmerer und Dolmetscher ein starkes Durchsetzungsvermögen und die Fähigkeit zu überzeugen.

Kommunikations-stärke Für ein erfolgreiches Ideenmanagement in Unternehmen und Organisationen ist gute Kommunikation auf allen und zwischen allen Ebenen die Basis, auf die nicht verzichtet werden kann. Selbstverständlich sollte nicht nur der Ideenmanager, sondern jede Führungskraft über Kommunikationsstärke verfügen. Deshalb sollten, wenn möglich, zum Thema Kommunikation Weiterbildungen angeboten werden. Aber der Ideenmanager, der ja auch immer Moderator und Mediator ist, muss nicht nur kommunikationsstark sein, er sollte auch die Vermittlung unterschiedlicher Kommunikationstechniken beherrschen. Offenheit und Zuhören-Können sind ebenfalls ganz wichtige Voraussetzungen.

Als Moderator hat der Ideenmanager die Aufgabe, alle beteiligten Personengruppen auf die Ziele des Ideenmanagements einzuschwören. Dadurch kann er sicherstellen, dass die Ideen und Energien aller Gruppen optimal eingebracht werden und dass bei der Umsetzung der Ergebnisse alle am gleichen Strang ziehen. Und natürlich gehört zur Gestaltung von Verbesserungsprozessen auch die Moderation von Workshops mit Mitarbeitern, Führungskräften und Gutachtern.

Analytische und konzeptionelle Fähigkeiten Das Ideenmanagement selbst lebt von ständiger Weiterentwicklung. In diesem Zusammenhang ist es Aufgabe eines Ideenmanagers, auf der Grundlage eigener Analysen und Schlussfolgerungen Konzepte zur Weiterentwicklung zu erarbeiten. Dazu gehört natürlich auch die Entwicklung von Informations- und Schulungskonzepten für Führungskräfte, Gutachter und Mitarbeiter. Das bedeutet letztendlich: Der Ideenmanager muss auch ein guter Projektmanager sein.

Teamfähigkeit Ist der Ideenmanager ein guter Moderator und Mediator, dann wird er einerseits sich selbst als Teammitglied verstehen, das auch einen Beitrag zur Erreichung der Unternehmensziele leistet. Andererseits wird er fähig sein, die Stärken seiner internen Kunden zu erkennen und zu fördern.

Betriebswirtschaftliches und branchenspezifisches Verständnis und Wissen braucht der Ideenmanager, um das Potenzial von Vorschlägen erkennen zu können – auch im Hinblick auf Patente und Innovationen – und um den Nutzen für das Unternehmen voll ausschöpfen zu können. EDV-Kenntnisse sind in der heutigen Zeit selbstverständlich. Es gibt spezielle Ideenmanagement-Programme. Sie können allerdings auch Software – auf den Bedarf Ihres Unternehmens, Ihrer Organisation abgestimmt – entwickeln lassen. Eine ständig aktualisierte Liste zu Ideenmanagement-Software finden Sie unter http://www.zentrum-ideenmanagement.de.

Sonstige spezielle Kenntnisse

Wie bereits erwähnt, geht das Anforderungsprofil eines Ideenmanagers selbstverständlich von einer ausgeprägten Kundenorientierung des Stelleninhabers aus, also der angemessenen Ausrichtung auf die verschiedenen internen Kunden.

Kunden des Ideenmanagers
- Firmenleitung
- Geschäftsführung
- Führungskräfte
- Gutachter
- Mitarbeiter
- Betriebsräte und Personalräte
- Einreicher

Seit Kurzem gehören in immer mehr Unternehmen auch die externen Kunden und Lieferanten dazu. Das ist folgerichtig, denn sie kennen ihr Produkt oder ihre Dienstleistung sehr gut aus einer anderen Perspektive, die für das Unternehmen außerordentlich hilfreich ist.

Deshalb sind auch von diesen Gruppen Verbesserungsvorschläge erwünscht und werden über das Ideenmanagement abgewickelt.

Die drei Grundmodelle für die Organisation des Ideenmanagements

Das Zentrale Modell

Der Klassiker Das zentrale Ideenmanagement steht dem früheren Betrieblichen Vorschlagswesen (BVW) am nächsten. Deshalb bezeichnen viele es auch als den Klassiker unter den möglichen Organisationsformen für modernes Ideenmanagement. Der Ideenmanager steht in diesem Modell für die zentrale organisatorische Stelle, an die Einreicher ihre Verbesserungsvorschläge mündlich, schriftlich oder per Online-Formular weiterleiten. Er ist die verantwortliche Person im Ideenmanagement, die Kommunikationszentrale für alles, was mit Verbesserungsvorschlägen zu tun hat. Seine Aufgabe ist Unterstützungsarbeit im weitesten Sinne. Dazu gehören zum Beispiel:

- Hilfe bei der Formulierung von Ideen
- Unterstützung bei der Ausarbeitung von Vorschlägen
- Formale Prüfung der Verbesserungsvorschläge

Abhängig von der jeweiligen Aufbauorganisation des Ideenmanagements reicht der Ideenmanager den Verbesserungsvorschlag an einen geeigneten Entscheider weiter. Geeignet heißt in diesem Fall: Aufgrund fachlicher Kompetenz und Kostenstellenverantwortlichkeit ist der ausgewählte Entscheider in der Lage, eine Umsetzung abzulehnen oder sie zu befürworten und zu veranlassen. Im Folgenden werden die am Zentralen Modell Beteiligten aufgeführt.

Mitarbeiter bzw. Einreicher

Prozess-Auslöser Auslöser des Ideenmanagement-Prozesses ist immer der Mitarbeiter – dass auch Lieferanten und Kunden einreichen (können), ist heute noch eher die Ausnahme. Es können auch mehrere Mitarbeiter sein, denn Gruppen können ebenfalls Vorschläge einreichen. Der Einreicher hat entweder einen spontanen Einfall oder er arbeitet einen Verbesserungsvorschlag über längere Zeit aus. Dann folgt die schriftliche Erfassung der Idee. Dazu gehört zunächst einmal die Beschreibung des Ist-Zustands, denn nur durch die Gegenüberstellung des aktuellen und des geplanten Zustands lässt sich ein Verbesserungsvorschlag angemessen beurteilen. Im nächsten Schritt folgt die Beschreibung des Ziel-Zustands und – besonders wichtig – dann wird der Lösungsweg beschrieben, der zur Erreichung des verbesserten Zustands beschritten werden muss. Ob die schriftliche Erfassung immer vom Einreicher oder auch vom Ideenmanager durchgeführt wird, hängt davon ab, was im Unternehmen vereinbart wurde.

Ideenmanager

Der Ideenmanager nimmt im zentralen Ideenmanagement die Rolle des Koordinators aller Verbesserungsvorschläge ein. Außerdem dient er neben seiner beratenden Tätigkeit auch als Mittler zwischen Einreicher, Entscheider sowie – falls erforderlich – der Arbeitnehmervertretung.

Koordinator

Entscheider

Der Entscheider (zum Beispiel ein Betriebsingenieur) hat die fachliche Kompetenz, um über die Umsetzung einer Idee zu entscheiden. Außerdem trägt er die Budgetverantwortung für die Realisierung – er hat den Überblick über Nutzen und Einsparung; er schlägt eine Prämie gemäß Betriebsvereinbarung vor.

Gutachter

Für manche Umsetzungsentscheidungen müssen besondere Gutachten erstellt werden, die der direkte Entscheider nicht durchführen kann oder sollte. In einem solchen Fall wird der Entscheider die Erstellung von Gutachten (zum Beispiel durch das Controlling oder im Einzelfall auch durch externe Gutachter) veranlassen.

Prämienkommission

Alle Vorschläge und die Höhe der jeweiligen Prämie werden in diesem Modell von der Prämienkommission verhandelt und entschieden. Der Ideenmanager leitet und moderiert die Prämienkommission, in der über die auszuschüttende Prämie für Verbesserungsvorschläge anhand von Rentabilitätsrechnungen und vergleichbaren Fällen entschieden wird. Treffen finden regelmäßig statt. Mitglieder der Prämienkommission sind, neben dem Ideenmanager, Unternehmensvertreter (Geschäftsführer, Bereichsleiter ...) und Arbeitnehmervertreter (Vertrauensperson oder Betriebsrat).

Im Folgenden wird der Prozess des Ideenmanagements beim Zentralen Modell in einer Übersicht dargestellt.

Prozess-Phase 1	Einreichung
Was wird gemacht?	Der Mitarbeiter hat eine Idee, formuliert seinen Verbesserungsvorschlag und reicht diesen persönlich, in Papierform oder per Intranet beim zentralen Ideenmanager ein. Dieser registriert ihn und leitet ihn an den zuständigen Entscheider weiter.
Beispiel	Peter Menzel aus der Fertigungsabteilung ist für den Arbeitsschritt Teilejustierung zuständig. Von der vorgelagerten Fertigungsstufe wird ein spezieller Sicherungsring für den Transport eingelegt, der vor Beginn des Arbeitsschritts Teilejustierung entfernt wird. Bisher wurden die Sicherungsringe nach dem Entfernen entsorgt. Herr Menzel denkt sich, dass diese Sicherungsringe gesammelt und an den vorgelagerten Arbeitsschritt zurückgeschickt werden sollten. So könnten die Material- und Entsorgungskosten für die Sicherungsringe eingespart werden. Peter Menzel tippt seinen Verbesserungsvorschlag

	am Computer-Terminal in der Werkshalle ein, die Idee wird automatisch an die Ideenmanagerin Simone Kraft weitergeleitet. Diese registriert den Vorschlag und leitet ihn an den Entscheider weiter, das ist in diesem Fall der Vorgesetzte von Peter Menzel, Karl Kurasche.
Prozess-Phase 2	**Entscheidung**
Was wird gemacht?	Der Entscheider prüft den inhaltlichen Aspekt des Verbesserungsvorschlags. Falls erforderlich, bezieht der Entscheider einen Gutachter ein, um den Vorschlag zu beurteilen. Er empfiehlt in diesem Fall die Umsetzung, ermittelt, welche Einsparung zu erwarten ist, und schlägt eine entsprechende Prämie vor. Der Vorgang geht nun an den Ideenmanager zurück, der das Gutachten in der nächsten Kommissionssitzung zur Entscheidung vorlegt. Der Ideenmanager informiert den Einreicher über die Entscheidung der Kommission.
Beispiel	Herr Kurasche empfängt den Verbesserungsvorschlag in seinem E-Mail-Postfach und freut sich spontan über die Aussicht, unnötige Materialkosten einsparen zu können. Da er jedoch Bedenken hat, ob die Qualität der Sicherungsringe bei mehrfacher Verwendung alle Anforderungen erfüllen wird, bestellt er per Mausklick ein Gutachten bei Günter Genua. Genua, der für die Qualitätssicherung in der Fertigung zuständig ist, prüft die Wiederverwendbarkeit und kann ein positives Feedback geben. Dieses Gutachten ist Grundlage dafür, dass Herr Kurasche die Annahme empfiehlt. Der Vorschlag ist berechenbar.

	Karl Kurasche ermittelt die Einsparung anhand der jährlichen Produktionsmenge von 30.000 Teilen: 30.000 × 0,10 Cent Stückkosten der Sicherungsringe = 3.000 Euro Jahresnettonutzen.
Prozess-Phase 3	**Prämierung**
	Entsprechend der Betriebsvereinbarung schlägt er der Kommission eine Prämie von 20 % des Jahresnettonutzens, also 600 Euro vor. Die Kommission akzeptiert diese Prämienhöhe. Peter Menzel wird informiert.

Die Übersicht über die Modelle orientiert sich an der Darstellung auf www.dib.de.

Das Vorgesetzten-Modell

Ansprechpartner Führungskraft Wieder steht am Anfang der Mitarbeiter mit seiner Idee oder die Mitarbeitergruppe mit einer gemeinsamen Idee. Wesentlicher Unterschied zum zentralen Ideenmanagement: Führungskräfte aller Hierarchieebenen übernehmen im Vorgesetzten-Modell eine aktive Rolle. Genauer: Die disziplinarischen und/oder kostenstellenverantwortlichen Führungskräfte lenken gewissermaßen ihr eigenes kleines Ideenmanagement. Der Prozess ist also schlank und dezentral. Der Mitarbeiter reicht seinen Verbesserungsvorschlag direkt bei seinem unmittelbaren Vorgesetzten ein. Dieser ist der erste Ansprechpartner für den Ideengeber. Er entscheidet zunächst darüber, ob es sich um einen Vorschlag im Sinne der Betriebsvereinbarung handelt und ob er in seinen Verantwortungsbereich fällt. Trifft beides zu, ist er auch für die Bewertung und Umsetzung zuständig. Eingeschränkt wird dies durch den ihm zur Verfügung stehenden Finanzrahmen. Sofern dies in der Betriebsvereinbarung so festgelegt ist, entscheidet er bis zu einer bestimmten Wertgrenze auch über die Prämienhöhe für die eingereichte Idee. Im Folgenden werden die am Vorgesetzten-Modell Beteiligten aufgeführt.

Mitarbeiter (Einreicher)

Der Mitarbeiter (oder mehrere Mitarbeiter bei Gruppenvorschlägen) ist der Startpunkt des Ideenmanagement-Prozesses. Er denkt sich einen Verbesserungsvorschlag aus und formuliert diesen über die Beschreibung des Ist-Zustands, des Ziel-Zustands und insbesondere des Lösungswegs.

Führungskraft

Der Führungskraft werden im Vorgesetzten-Modell die Verbesserungsvorschläge aller Mitarbeiter ihrer Kostenstelle bzw. ihrer Organisationseinheit direkt zugeleitet. Die Führungskraft entscheidet in ihrem Verantwortungsbereich über die Umsetzung der eingereichten Idee und kann bis zu einer festgesetzten Prämienhöhe auch die Prämienzahlungen veranlassen.

Führungskraft entscheidet

Gutachter

Es kann sein, dass für manche Umsetzungsentscheidungen besondere Gutachten erstellt werden müssen, die nicht direkt von der Führungskraft durchgeführt werden können oder sollen. In diesem Fall kann die Führungskraft die Erstellung von Gutachten (zum Beispiel durch Mitarbeiter aus der eigenen Kostenstelle oder dem Controlling) veranlassen.

Prämienkommission

Prämienhöhen, die über den in einer Betriebsvereinbarung festgelegten Ermessensspielraum der Führungskraft hinausgehen, werden von der Prämienkommission verhandelt und entschieden. Die Prämienkommission trifft sich in regelmäßigen Abständen und diskutiert anhand von Leitlinien und Vergleichsfällen die Prämienhöhen für den Einreicher. Mitglieder der Prämienkommission sind

Mitglieder der Kommission

- Vertreter der Unternehmensleitung (Geschäftsführer oder Bereichsleiter) und
- der Arbeitnehmer (Vertrauensperson oder Betriebsrat).

Prozess-Phase 1	Einreichung
Was wird gemacht?	Der Mitarbeiter formuliert einen Verbesserungsvorschlag und reicht diesen per Intranet oder in Papierform bei seiner Führungskraft ein.
Beispiel	Peter Menzel aus der Fertigungsabteilung ist für den Arbeitsschritt Teilejustierung zuständig. Von der vorgelagerten Fertigungsstufe wird ein spezieller Sicherungsring für den Transport eingelegt, der für den Arbeitsschritt der Teilejustierung entfernt wird. Bisher werden die Sicherungsringe nach dem Entfernen entsorgt. Herr Menzel denkt sich, dass diese Sicherungsringe gesammelt und an den vorgelagerten Arbeitsschritt wieder zurückgeschickt werden sollten. So könnten die Material- und Entsorgungskosten für die Sicherungsringe eingespart werden. Peter Menzel tippt diesen Verbesserungsvorschlag am Computer-Terminal in der Werkshalle ein, die Idee wird automatisch an seinen Vorgesetzten Karl Kurasche weitergeleitet.
Prozess-Phase 2	Entscheidung
Was wird gemacht?	Die Führungskraft prüft den inhaltlichen Aspekt des Verbesserungsvorschlags und stellt fest, dass der Vorschlag in seinen Verantwortungsbereich fällt. Er entscheidet sich für die Umsetzung und veranlasst sie. Er bestimmt die zu erwartende Einsparungshöhe, an der sich die Prämie orientiert. Falls notwendig oder sinnvoll, wird die Führungskraft einen Gutachter zur Beurteilung des Vorschlags mit einbeziehen.

Beispiel	Herr Kurasche nimmt den Verbesserungsvorschlag entgegen und freut sich spontan über die Idee, im eigenen Bereich unnötige Materialkosten einzusparen. Da er jedoch Qualitätsbedenken bezüglich der Wiederverwendung hat, veranlasst er per Mausklick ein Gutachten von dem für die Qualitätssicherung in der Fertigung zuständigen Mitarbeiter Günter Genua. Herr Genua prüft die Wiederverwendbarkeit und sendet ein positives Gutachten zurück. Der Vorschlag ist berechenbar: Herr Kurasche bestimmt die Einsparung anhand der jährlichen Produktionsmenge von 30.000 Teile: 30.000 × 0,10 Cent Stückkosten der Sicherungsringe = 3.000 Euro Jahresnettonutzen. Entsprechend der Betriebsvereinbarung schlägt er eine Prämierung von 20 % des Jahresnettonutzens, also 600 Euro vor.
Prozess-Phase 3	**Prämierung**
Was wird gemacht?	Je nach Wertgrenze (z. B. 200 Euro Prämie) kann die Führungskraft in einem schnellen und kurzen Weg direkt über die Prämienzahlung entscheiden. Prämien oberhalb eines bestimmten Grenzwertes werden – wenn dies so in der Betriebsvereinbarung festgelegt ist – von der Prämienkommission entschieden.
Beispiel	In der Betriebsvereinbarung ist eine Wertgrenze von 200 € festgelegt. Aufgabe von Herrn Kurasche ist es, die Bestätigung der Prämienhöhe von 600 € von der Kommission einzuholen. Die Ideenmanagement-Software unterstützt Herrn Kurasche, sie erkennt aufgrund der Wertgrenze automatisch, dass die Prämienkommission der Prämierung

zustimmen muss, und leitet einen Abstimmungsprozess ein, der über die firmeneigene Ideenmanagement-Software abgewickelt wird. Der Leiter der Prämienkommission Sven Blomquist bestätigt nach dem Abstimmungsprozess die Prämie und informiert Herrn Kurasche, der sie per Mausklick für die nächste Lohnabrechnung anweist und Herrn Menzel informiert.

Die Mischform

Vor- und Nachteile zusammenführen

Führt man die Vorteile des Zentralen Modells und des Vorgesetzten-Modells zusammen, so ergibt sich eine Mischform – viele Unternehmen bevorzugen diese inzwischen. Die Mischform bietet einen gemeinsamen Bearbeitungsablauf. Die Führungskraft entscheidet – wie im Vorgesetzten-Modell – über die Bearbeitung von Vorschlägen im eigenen Verantwortungsbereich. Da rund 80 Prozent aller Vorschläge aus diesem Bereich kommen, ist ein schlanker Prozess gesichert. Vorschläge, die über den Verantwortungsbereich einer Führungskraft hinausgehen, werden – wie im Zentralen Modell – vom Ideenmanager bearbeitet.

Der Mitarbeiter entscheidet, ob er seinen Verbesserungsvorschlag direkt bei seiner unmittelbaren Führungskraft einreichen will oder alternativ bei dem zentralen Ideenmanagement. Geht der Vorschlag an die Führungskraft, so entscheidet diese unmittelbar über die Annahme oder Ablehnung und – im Falle der Annahme – über die Umsetzung. Abhängig davon, was in der Betriebsvereinbarung festgelegt ist, entscheidet die Führungskraft auch über die Prämienhöhe. In manchen Unternehmen ist diese Entscheidung an eine festgelegte Wertgrenze gekoppelt. Geht der Vorschlag an das zentrale Ideenmanagement, dann leitet diese Stelle die Idee zur weiteren Bearbeitung an eine Führungskraft bzw. einen Entscheider weiter, die/der dann für die Umsetzung zuständig ist. Wer sind nun die an diesem Modell Beteiligten?

Mitarbeiter (Einreicher)

Der Mitarbeiter (oder mehrere Mitarbeiter bei Gruppenvorschlägen) ist wie immer der Auslöser des Ideenmanagement-Prozesses. Er hat die Idee und formuliert seinen Verbesserungsvorschlag aus, indem er den Ist-Zustand beschreibt, den angestrebten verbesserten Zustand benennt und anschließend den dazugehörigen Lösungsweg in Worte fasst oder mit einer Zeichnung dokumentiert.

Führungskraft

Der Führungskraft sollten auch im Mischmodell die Verbesserungsvorschläge aller Mitarbeiter ihrer Kostenstelle bzw. ihrer Organisationseinheit direkt zugeleitet werden. Dies ist aber durch die besondere Koordinationsaufgabe des zentralen Ideenmanagements unter bestimmten Umständen nicht immer der Fall, sodass auch Verbesserungsvorschläge vom Ideenmanagement an die Führungskraft weitergeleitet werden können. In jedem Fall entscheidet die Führungskraft über die Umsetzung des Vorschlags im eigenen Verantwortungsbereich und kann – bis zu einer festgesetzten Prämienhöhe – auch die Prämienzahlungen anweisen.

Führungskraft entscheidet über Umsetzung

Ideenmanager

Der Ideenmanager übernimmt die Rolle des Koordinators für die Verbesserungsvorschläge, die anstelle einer direkten Bearbeitung bei der Führungskraft zunächst beim zentralen Ideenmanagement eingegangen sind. Außerdem vermittelt er zwischen Einreicher, Entscheider (Führungskraft) und Gutachter.

Gutachter

Es gibt Umsetzungsentscheidungen, die besondere Gutachten erfordern. Diese können oder sollen nicht direkt von der Führungskraft durchgeführt werden. Die Führungskraft kann dann ein Gutachten (zum Beispiel durch Mitarbeiter aus der eigenen Kostenstelle oder dem Controlling) veranlassen.

Prämienkommission

Entscheidung über
Prämienhöhen

Prämienhöhen, die über den in einer Vereinbarung festgelegten Entscheidungsspielraum der Führungskraft hinausgehen, werden von der Prämienkommission verhandelt und entschieden. Eventuell hat auch das zentrale Ideenmanagement eine Prämienempfehlung festgelegt, über die in der Kommission entschieden wird. Die Prämienkommission trifft sich in regelmäßigen Abständen und diskutiert anhand von Leitlinien und Vergleichsfällen die Prämienhöhen für den Einreicher. Mitglieder der Prämienkommission sind – in paritätischer Besetzung – Vertreter des Unternehmens (Geschäftsführer oder Bereichsleiter) und der Arbeitnehmer (Vertrauensperson oder Betriebsrat). Wie laufen die Prozesse beim Mischmodell ab?

Prozess-Phase 1	Einreichung
Was wird gemacht?	Der Mitarbeiter formuliert einen Verbesserungsvorschlag und reicht diesen per Intranet oder in Papierform bei seiner Führungskraft oder beim zentralen Ideenmanagement ein.
Beispiel	Peter Menzel aus der Fertigungsabteilung ist für den Arbeitsschritt Teilejustierung zuständig. Von der vorgelagerten Fertigungsstufe wird ein spezieller Sicherungsring für den Transport eingelegt, der vor dem Arbeitsschritt der Einzelteiljustierung entfernt wird. Bisher werden die Sicherungsringe nach dem Entfernen entsorgt. Peter Menzel denkt sich, dass diese Sicherungsringe gesammelt und an den vorgelagerten Arbeitsschritt zurückgeschickt werden sollten. So könnten die Material- und Entsorgungskosten für die Sicherungsringe eingespart werden. Peter Menzel gibt seinen Verbesserungsvorschlag an einem der Computer-Terminal in der

Werkshalle ein und entscheidet, ob die Idee an seinen direkten Vorgesetzten Karl Kurasche weitergeleitet oder zuerst von Simone Kraft im zentralen Ideenmanagement bearbeitet werden soll.

Prozess-Phase 2	Entscheidung (Alternative 1)
Was wird gemacht?	Die Führungskraft prüft den inhaltlichen Aspekt des Verbesserungsvorschlags, der zum eigenen Verantwortungsbereich gehört. Sie trifft eine Entscheidung für die Umsetzung und veranlasst sie. Sie legt anhand der zu erwartenden Einsparungshöhe die Prämie fest und kann bei Bedarf Gutachter zur Beurteilung des Vorschlags mit einbeziehen.
Beispiel	Herr Kurasche findet den Verbesserungsvorschlag in seinem E-Mail-Postfach und freut sich spontan über die Idee, unnötige Materialkosten im eigenen Verantwortungsbereich einzusparen. Da er jedoch Qualitätsbedenken bezüglich der Wiederverwendung hat, veranlasst er per Mausklick ein Gutachten von dem für die Qualitätssicherung in der Fertigung zuständigen Mitarbeiter Günter Genua. Herr Genua prüft die Wiederverwendbarkeit und erstellt ein positives Gutachten. Die Einsparung ist berechenbar. Herr Kurasche bestimmt anhand der jährlichen Produktionsmenge von 30.000 Teile: 30.000 × 0,10 Cent Stückkosten der Sicherungsringe = 3.000 Euro Jahresnettonutzen. Entsprechend der Betriebsvereinbarung schlägt er eine Prämierung von 20 % des Jahresnettonutzens, also 600 Euro vor.

Prozess-Phase 2	Entscheidung (Alternative 2)
Was wird gemacht?	Der zentrale Ideenmanager prüft die formale Korrektheit des Verbesserungsvorschlags. Er unterstützt bei Bedarf den Einreicher bei der Ideenformulierung. Anschließend sucht er eine Führungskraft/ einen Entscheider, die/der die Umsetzung veranlassen kann, und leitet den Verbesserungsvorschlag an diese Person weiter.
Beispiel	Die Ideenmanagerin Simone Kraft prüft den Verbesserungsvorschlag und hält direkt Rücksprache mit dem Einreicher Peter Menzel. Dabei erfährt sie, wie viele Sicherungsringe aktuell pro Tag verbraucht werden. Die Ideenmanagerin ergänzt den Verbesserungsvorschlag um die Mengenangabe und leitet den Verbesserungsvorschlag an die zuständige Führungskraft Karl Kurasche weiter.

Prozess-Phase 2	Entscheidung (Alternative 3)
Was wird gemacht?	Die Führungskraft prüft den vom zentralen Ideenmanagement erhaltenen Verbesserungsvorschlag. Sie trifft dann eine Entscheidung für die Realisierung, veranlasst die Umsetzung und legt anhand der zu erwartenden Einsparungshöhe die Prämie fest. Die Führungskraft kann bei Bedarf Gutachter zur Beurteilung des Vorschlags mit einbeziehen.
Beispiel	Herr Kurasche erhält den Verbesserungsvorschlag vom Ideenmanagement und erkennt, dass eine interessante Idee mit entsprechendem Potenzial für seinen Verantwortungsbe

reich vorliegt. So lassen sich tatsächlich
unnötige Materialkosten einsparen! Da er
jedoch Bedenken hat (ist bei der Wiederver-
wendung mit folgenreichen Qualitätseinbußen
zu rechnen?), veranlasst er per Mausklick ein
Gutachten von dem für die Qualitätssicherung
in der Fertigung zuständigen Mitarbeiter
Günter Genua. Herr Genua prüft die Wieder-
verwendbarkeit und sendet ein positives
Gutachten zurück.

Die Einsparung ist rechenbar: Herr Kurasche
ermittelt anhand der jährlichen Produktions-
menge von 30.000 Gehäusen: 30.000 ×
0,10 Cent Stückkosten der Sicherungsringe =
3.000 Euro Jahresnettonutzen. Entsprechend
der Betriebsvereinbarung schlägt er eine
Prämierung von 20 % des Jahresnettonut-
zens, also 600 Euro vor.

Prozess-Phase 3	Prämierung
Was wird gemacht?	Je nach Wertgrenzen (z. B. 200 Euro Prämie) kann die Führungskraft in einem schnellen, kurzen Weg direkt über die Prämienzahlung entscheiden. Prämien oberhalb eines be-stimmten Grenzwertes werden – wenn dies so in der Betriebsvereinbarung festgelegt ist – von der Prämienkommission entschieden.
Beispiel	In diesem Fall muss die Prämienkommission der Prämie zustimmen. Das erkennt die Ideenmanagement-Software anhand der Wertgrenze automatisch. Deshalb leitet sie den Vorgang dem Abstimmungsprozess zu, der über die firmeneigene Ideenmanagement-Software gesteuert und abgewickelt wird. Nach der Abstimmung bestätigt der

Beispiel für die Einführung eines Ideenmanagement-Systems

Fallbeispiel Erich F.   An dieser Stelle möchte ich wieder auf das Beispiel Erich F. zurückgreifen. Lesen wir seinen Erfahrungsbericht:

···

Das alte Betriebliche Vorschlagswesen hatte faktisch nur Alibi-
Funktion. Es war angestaubt, eine reine Verwaltung von Vorschlägen, genauer: der wenigen Vorschläge, die eingereicht
wurden. Die Behäbigkeit in der Abwicklung und der angesam-
melte Denkstaub aufseiten der Verbesserungsvorschlags-Ver-
walter – das alles hatte sich zwangsläufig auf die Haltung der
Mitarbeiter zum Betrieblichen Vorschlagswesen ausgewirkt.
Als ich das Unternehmen übernahm, hatte ich beschlossen,
die Mitarbeiter zwar zügig, aber doch so sanft wie möglich an
ein neues Vorschlagswesen heranzuführen. Wichtig war mir,
sowohl den Führungskräften als auch der Belegschaft durch
praktisches Erleben zu vermitteln, dass sich für jeden durch
ein lebendiges Ideenmanagement ein sichtbarer und fühlbarer
Nutzen ergeben würde.
Zur Vorbereitung hatte ich Unterstützung durch unseren jetzigen Ideenmanager Tim. Er war mir von unserem Personalver-
antwortlichen empfohlen worden. Ein wahrer Glücksgriff, wie
sich bald herausstellen sollte. Tim hatte nach der Ausbildung
Berufserfahrung gesammelt und bald seine Leidenschaft für
die Organisation und Durchführung von Seminaren entdeckt.
Deshalb absolvierte er mehrere Trainer-Ausbildungen und hat-

te auch bereits erfolgreich als Trainer gearbeitet. Ideenmanagement hatte er in mehreren Unternehmen praktisch kennengelernt und schnell Feuer gefangen.

Wir führten anfangs sehr viele Gespräche. Er begleitete mich bei allem, was ich im Unternehmen und für das Unternehmen machte. Er sollte erst einmal lernen, wie unsere Firma tickt. Das war die Voraussetzung, damit wir gemeinsam darüber nachdenken konnten, wie es uns gelingen würde, vor allem alle Führungskräfte für das Projekt Ideenmanagement ins Boot zu holen. Ich war auch davon überzeugt, dass ich als Chef beim Ideenmanagement eine sehr zentrale Aufgabe hatte. Ebenso wie meine Führungskräfte. Das sollte und konnte aber nicht bedeuten, dass ich alles alleine machen würde oder wollte.

Betrachten Sie die Einführung eines neues Ideenmanagement-Systems als Projekt. Der Zeiteinsatz, den Sie in eine gründliche Vorbereitung investieren, lohnt sich!

Es reicht nicht, einen Ideenmanager einzustellen und dann von ihm zu verlangen, bis zum Zeitpunkt x ein Konzept zu präsentieren. Eine Orientierungshilfe bietet die folgende Checkliste (orientiert an *Projektmanagement-Grundlagen* von Thomas Ruf, Berlin 2010):

Checkliste zur Vorbereitung

Checkliste zur Entwicklung und Einführung eines Ideenmanagement-Systems

Ziele	ja	teils-teils	nein
Ist der Status quo vor Beginn der Entwicklung/Einführung analysiert und bekannt?	☐	☐	☐
Wurde der Schwierigkeitsgrad des Vorhabens definiert?	☐	☐	☐
Passt ein Ideenmanagement zur Unternehmensstrategie?	☐	☐	☐

		teils-	
Passt ein Ideenmanagement zur Unternehmenskultur?	☐	☐	☐
Ist die Priorität des Vorhabens innerhalb der Unternehmens- bzw. Organisationshierarchie definiert und bekannt und akzeptiert?	☐	☐	☐
Kennen die Verantwortlichen die Absichten, die hinter der Einführung eines Ideenmanagements stehen?	☐	☐	☐
Sind die Ziele eines Ideenmanagements klar und widerspruchsfrei vermittelt?	☐	☐	☐
Sind die „Nichtziele" eines Ideenmanagements bekannt?	☐	☐	☐
Ist der Nutzen eines Ideenmanagements bekannt?	☐	☐	☐
Gibt es Erfahrungen aus ähnlichen Projekten, die diesem Vorhaben helfen könnten?	☐	☐	☐
Sind die Unterstützer des Ideenmanagements bekannt?	☐	☐	☐
Ist bekannt, wer ein Ideenmanagement in diesem Unternehmen ablehnen könnte?	☐	☐	☐
Wurden Spielregeln für den Umgang miteinander und für die Kommunikation vereinbart?	☐	☐	☐

		teils-	
Organisatorisches	**ja**	**teils**	**nein**
Wurde damit begonnen, ein Projekthandbuch zu erstellen, in dem auch Ergebnisse und Anforderungsänderungen dokumentiert werden?	☐	☐	☐
Wer sind die übergeordneten Gremien und deren Mitglieder?	☐	☐	☐
Wurde ein Projektstrukturplan erstellt?	☐	☐	☐
Gibt es ein Organisationsdiagramm?	☐	☐	☐

	ja	teils-teils	nein
Sind die Kompetenzen innerhalb des Einführungsprojekts definiert, sind diese bekannt und akzeptiert?	☐	☐	☐
Ist allen Beteiligten klar, wie die Entscheidungswege verlaufen?	☐	☐	☐
Gibt es definierte Eskalationsszenarien?	☐	☐	☐
Wurden die Kommunikationswege und -rituale festgelegt?	☐	☐	☐
Wurden alle notwendigen Anträge vorgelegt und sind diese genehmigt?	☐	☐	☐
Sind regelmäßige Meetings geplant?	☐	☐	☐

Terminplanung/-änderung	ja	teils-teils	nein
Wurde ein grober Terminplan erstellt?	☐	☐	☐
Ist das Projekt in Phasen untergliedert?	☐	☐	☐
Wurden für das Ende der Phasen bzw. für sinnvolle Abschnitte Meilensteine definiert?	☐	☐	☐
Sind die vorgegebenen Terminziele realistisch?	☐	☐	☐
Wurden Arbeitspakete ausreichend genau beschrieben?	☐	☐	☐
Gibt es einen definierten Ablauf für den Umgang mit Terminänderungen (Projektmonitoringplan)?	☐	☐	☐
Gibt es eine Vereinbarung zur Nutzung von Hilfsmitteln zur Projektplanung (vorbereitete Excel-Listen, PM-Tools)?	☐	☐	☐

Ressourcen/Kapazitäten/ Finanzmittel	ja	teils-teils	nein
Wurde ein Personalbudget berechnet, beantragt, genehmigt (Projektpersonal-bedarfsplan)?	☐	☐	☐
Gibt es bereits Berechnungen über die benötigten Kapazitäten in den jeweiligen Arbeitspaketen?	☐	☐	☐

	ja	teils-teils	nein
Ist die Verfügbarkeit der Ressourcen bekannt, die für den Projektablauf unbedingt notwendig sind?	☐	☐	☐
Sind vorgegebene Kostenziele realistisch?	☐	☐	☐

Risiken	**ja**	**teils-teils**	**nein**
Gibt es Unsicherheiten im Projektbudget?	☐	☐	☐
Ist die Projektfinanzierung gesichert?	☐	☐	☐
Wurden Risiken zur Termin-, Budget- und Sachzielerreichung identifiziert?	☐	☐	☐
Gibt es Aussagen zur Eintrittswahrscheinlichkeit und zum Risikoausmaß?	☐	☐	☐
Wurden Szenarien zur Abwendung möglicher Risiken erstellt?	☐	☐	☐
Wurde ermittelt, wie hoch die Wahrscheinlichkeit von Projektzieländerungen einzuschätzen ist?	☐	☐	☐

Am Anfang steht das Vertrauen — Mithilfe einer solchen Checkliste kann die Zielsetzung im Dialog entwickelt werden: Schaffen einer Vertrauenskultur als Grundlage für die nachhaltige Einführung eines Ideenmanagements für alle Mitarbeiter. Anschließend macht sich eine Projektgruppe an die Vorbereitung und Durchführung des Projekts. Diese Projektgruppe sollte in ihrer Zusammensetzung einen Querschnitt aller Mitarbeiter des Unternehmens widerspiegeln: Führungskräfte und Mitarbeiter aus allen Unternehmensbereichen und Abteilungen. Alle Maßnahmen müssen sorgfältig geplant werden. Hilfreich für die Planung ist ein Ablaufplan. Hier ein Modell in fünf Schritten:

Schritt 1

Einführung der Teammitglieder ins Thema
- Ableitung eines Fragen-Katalogs für die speziellen Anforderungen im Unternehmen

Schritt 2

Bestandsaufnahme

- Wochenendworkshop mit Vertretern aus Unternehmen, die bereits über ein Ideenmanagement verfügen
  - Präsentationen der Gastredner
  - Diskussion mit den Gastrednern anhand des zuvor entwickelten Fragen-Katalogs
  - Brainstorming zur Entwicklung eines auf das Unternehmen zugeschnittenen Maßnahmenkatalogs

Schritt 3

Vorbereitung des Projekts „Einführung eines neuen Ideenmanagements"

- Beschreibung der Ausgangsbedingungen im Unternehmen anhand der im Vorlauf gewonnenen Erfahrungen
- Ableiten von evtl. erforderlichen Veränderungen für die
- Schaffung geeigneter Grundlagen
- evtl. Modifizierung des Maßnahmenkatalogs

Schritt 4

Transfer des Maßnahmenkatalogs in einen Projektplan

- Projektstrukturplan
- Feinplanung

Schritt 5

Durchführung/Umsetzung

- Einführungsveranstaltung
- Projektüberwachung/Controlling
- Projektbericht (Dokumentation)
- Risikomanagement
- Projektabschluss

Zunächst sollten die Mitglieder des Planungsteams selbst intensiv und nachhaltig auf den gewünschten Wandel vorbereitet werden.

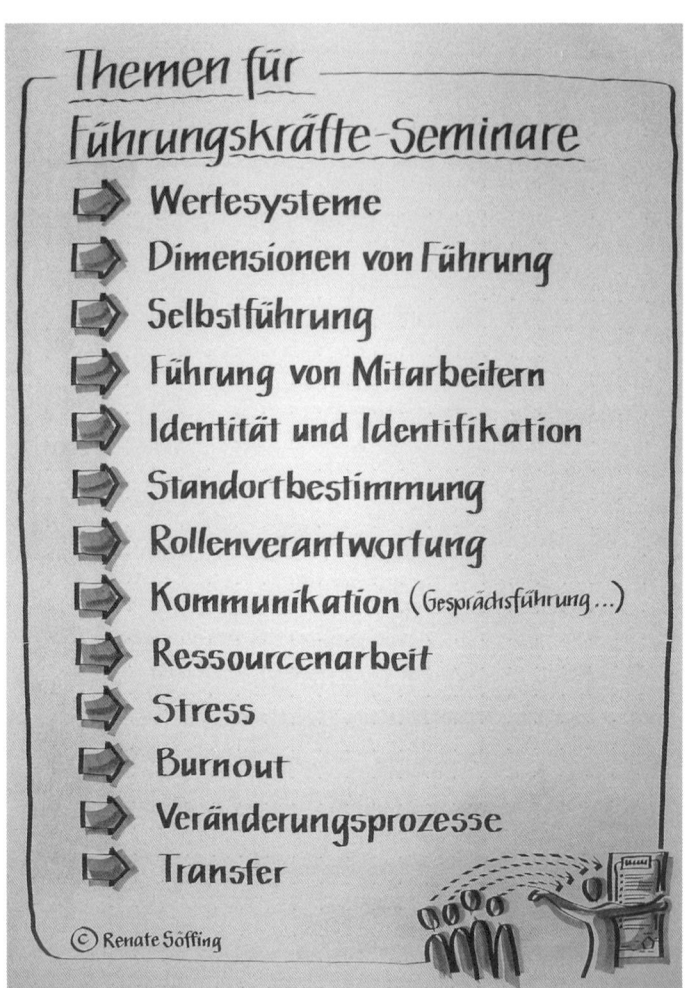

Themen für Führungskräfte-Seminare

- Wertesysteme
- Dimensionen von Führung
- Selbstführung
- Führung von Mitarbeitern
- Identität und Identifikation
- Standortbestimmung
- Rollenverantwortung
- Kommunikation (Gesprächsführung ...)
- Ressourcenarbeit
- Stress
- Burnout
- Veränderungsprozesse
- Transfer

© Renate Söffing

Seminare anbieten

Hier bietet es sich an, Seminare/Workshops mit begleitendem Coaching durchzuführen. Mögliche Inhalte sind auf dem Flipchart oben festgehalten.

Mit einer Auftaktveranstaltung können Sie den Startschuss für das Projekt geben. Hier wieder unser Fallbeispiel:

Wir haben ein mehrtägiges Treffen für alle Mitarbeiter geplant und durchgeführt, dessen Kernstück ein World Café bildete (siehe Kapitel 5, Seite 115 ff.). Zweieinhalb Tage waren angesetzt, ein Freitagnachmittag, ein ganzer Samstag und ein Sonntagvormittag. Es war uns gelungen, unsere Führungskräfte und den Betriebsrat mit ins Boot zu holen, weil jeweils Vertreter im Planungsteam mitgearbeitet hatten. Während der gesamten Veranstaltung gab es ein Kinderbetreuungsprogramm, sodass Ehepartner mitgebracht werden konnten. Außerdem hatten wir einen Pflegedienst engagiert – damit auch die Kollegen an der Veranstaltung teilnehmen konnten, die ältere Angehörige zu Hause pflegen. Die eben erwähnten Angebote haben wir mit der Einladung ein halbes Jahr zuvor kommuniziert, damit die Mitarbeiter sich den Termin freihalten konnten. Wir hofften natürlich, dass die Leute unser Angebot wohlwollend aufnehmen würden. Tatsächlich sind von unseren 298 Mitarbeitern 292 gekommen.

Die Entscheidung für das Thema erklärt sich aus unserer Absicht: Uns war wichtig, dass nicht primär der finanzielle Nutzen der Firma im Mittelpunkt stand. Es sollten die Vorteile für jeden einzelnen Mitarbeiter deutlich werden. Ein guter Aufhänger war das Thema „Gesundheit". Ein sehr weites Feld, das reicht ja von Bewegung über Vorsorgeuntersuchungen und gesunde Arbeitsumgebung bis hin zu vernünftiger Ernährung. Besonders überzeugte uns, dass wir mit dieser Wahl eine Brücke schlagen konnten zwischen dem unmittelbaren Nutzen für die Mitarbeiter selbst und den positiven Wirkungen für das Unternehmen (zum Beispiel Reduktion der Fehlzeiten).

Den Freitagnachmittag nutzten wir zur allgemeinen Einstimmung auf die Veranstaltung. Es gab eine kleine Vorschau auf die Folgetage, und Ausstellungen mit verschiedenen Themenschwerpunkten waren bereits installiert. Man konnte zwanglos bummeln und sich informieren (nicht nur zu Gesundheits- und Fitnessthemen, sondern auch zu Büromöbeln, Beleuchtungsvorschlägen usw.). Am Samstagvormittag gab es zum Warmwerden einen bunten Mix an Vortrags- und Workshop-Angeboten, zum Beispiel zu Kreativitätstechniken (635-Brainstorming, die sechs Denkhüte von de Bono, siehe auch Kapitel 5). Es gab Kurzvorträge (gesunde Ernährung, Work-Life-Balance, Stress ...), Info-Ecken in den Ausstellungsbereichen und auch ganz allgemeine Angebote zum Thema Kommunikation. Nach der Mittagspause begann das eigentliche World Café, damit sich alle über ihre Erfahrungen des Vormittags austauschen und eigene Ideen einbringen konnten. Es war eine gute Entscheidung, diese Methode zu wählen, denn im World Café entstanden schon erfreulich viele konkrete Ergebnisse.

Den Sonntagvormittag haben wir genutzt, um mit den ersten Arbeitsgruppen für die Umsetzung zu starten. Es waren ja durch das World Café reichlich Ideen entstanden, sodass sich die Arbeitsteams direkt in die Umsetzungsarbeit stürzen konnten.

Die Ergebnisse dieser ersten Sitzungen sind – wie ich finde – beachtlich und wir profitieren noch heute davon. Einige der von den Arbeitsgruppen vorgeschlagenen Folgeveranstaltungen konnten und können übrigens von der ganzen Familie bzw. mit dem Lebenspartner gemeinsam besucht werden. Dazu gehören zum Beispiel die Bewegungsprogramme und die Kochkurse, die inzwischen in regelmäßigen Abständen eine Neuauflage erfahren. Das Unternehmen konnte enormen Nutzen verbuchen. Die Veränderung bei den Fehlzeiten ist durch Zahlen dokumentiert.

....

Kick-off-Veranstaltung schafft Basis   Die hier beschriebene Kick-off-Veranstaltung schafft eine solide Basis für den Aufbau eines neuen Vorschlagswesens. Dem Ziel, ein modernes, von allen Beteiligten akzeptiertes Ideenmanagement zu schaffen, ist das Planungsteam mit einem so konzipierten Angebot für alle Mitarbeiter einen guten Schritt näher gekommen. Das Ziel – Vertrauen zu schaffen – ist erreicht worden. Die beteiligten Menschen können erfahren, dass das Neue, das geplant wurde, etwas Verlässliches ist. Und in diesen gemeinsam erlebten Stunden kommen viele Erfahrungen zusammen, die letztendlich bewirken:

- Auch diejenigen, die immer behaupten, sie haben keine Ideen, können erleben, dass es möglich ist, selbst etwas Neues zu entwickeln.

- Ideen werden beachtet und ernst genommen: Die Ideengeber erfahren Wertschätzung.
- Ideen werden nicht nur gelobt, sie werden auch umgesetzt. Und das sehr zeitnah. Auch wenn in einer derartigen Veranstaltung keine Prämien für die vielen Ideen vorgesehen sind, haben die Mitarbeiter einen sehr konkreten Nutzen: Neue Büromöbel werden angeschafft, und zwar solche, die die Mitarbeiter ausgesucht haben. Kurse werden durchgeführt, und zwar solche, die die Mitarbeiter selbst vorgeschlagen haben. Es gibt Änderungen im Kantinen-Angebot, aber nicht von oben diktiert („Ihr müsst ab jetzt gesund essen!"), sondern allmählich und mit einem gemischten Angebot, damit alle zufrieden sind.
- Alle Beteiligten waren mit Spaß bei der Sache. Es wurde intensiv zusammengearbeitet. Fortschritt ist deutlich erkennbar, denn die Ergebnisse sind messbar und stärken die allgemeine Zufriedenheit.

Hauptziel der Kick-off-Veranstaltung: Vertrauen schaffen und zum Mitmachen motivieren.

Unser Fallbeispiel schildert allerdings ideale Bedingungen. Nicht immer wird es so rund laufen, oft werden die Initiatoren mit Widerständen konfrontiert. Der Schlüssel zu den meisten Problemen ist die geringe Akzeptanz: wenn Geschäftsführung oder Vorstand, also das Top-Management, das Ideenmanagement nicht angemessen unterstützt. Das heißt, wenn zum Beispiel die Unternehmensleitung das Ideenmanagement zwar als Aushängeschild nutzen will, aber nicht wirklich erkennt, dass es hier um ein Managementinstrument geht, dann kann das Potenzial bestimmt nicht voll ausgeschöpft werden. Die Folge: Der Ideenmanager erhält keine ausreichenden Kompetenzen, er hat nur minimale Weisungsbefugnisse und sein Budget erlaubt kein wirkungsvolles Arbeiten. Was das für den Erfolg des Ideenmanagements bedeutet, kann man sich leicht vorstellen. Die Behinderungen sind ein sehr wichtiges Thema. Deshalb gibt es dazu auf den folgenden Seiten ein Extra-Kapitel: Stolpersteine und Barrieren meistern. Informationen zu einzelnen Stichworten finden Sie im Glossar, das auf Seite 134 beginnt.

Wichtig:
Rückhalt in der
Geschäftsführung

3. Stolpersteine und Barrieren meistern

Ideenmanagement ist keine „Friede-Freude-Eierkuchen"-Veranstaltung. Seine erstmalige Einführung oder auch die Erneuerung eines herkömmlichen Betrieblichen Vorschlagwesens verläuft selten ohne Reibungen. Wenn Sie darauf vorbereitet sind, wird es Ihnen leichter fallen, Widerstände in Chancen zu verwandeln. Vorbereitet sein bedeutet zunächst, Symptome und Indizien zu sammeln, damit Sie verstehen können, wo der Hebel für Verbesserung anzusetzen ist.

Betrachten Sie Ihre Ausgangssituation

Im Märchen ist es einfach: Will der König wissen, wie die Stimmung im Volk ist, wechselt er einfach seine Kleidung und mischt sich unerkannt unter das Volk. Sie sollten den direkten Weg wählen: Reden Sie mit Ihren Leuten. Führen Sie viele Gespräche. Hören Sie gut zu, lassen Sie das Gehörte auf sich wirken. Und dann fragen Sie weiter. Lassen wir an dieser Stelle wieder Erich F. sprechen:

....

Das alte Betriebliche Vorschlagswesen habe ich ja schon als Schüler kennengelernt, als ich während der Ferien hier gearbeitet habe. Die Einreichungsquote war damals eher peinlich: dreißig Verbesserungsvorschläge pro 100 Mitarbeiter. Nur fünf Prozent der Belegschaft haben sich beteiligt. Als Belohnung gab es billige Sachgeschenke – Kugelschreiber, Taschenmesser, kleine Radios usw.

Größere Auszeichnungen oder Prämien waren auch gar nicht nötig, denn unmittelbar nach der Einführung hatte es zwar Vorschläge gegeben, die Welle verebbte aber bald.

....

Das Betriebliche Vorschlagswesen „krankt" vor allem an folgenden Phänomenen:

- Es ist schwerfällig und bürokratisch.
  Vorschläge werden lediglich verwaltet und man findet viele Gründe dafür, warum Vorschläge abzulehnen sind.
- Niemand – außer vielleicht den Einreichern – hat Interesse daran, eingereichte Ideen zu bearbeiten und schnell umzusetzen.
- Niemand kümmert sich um die Frage, was Mitarbeiter motivieren könnte.

Mögliche Ursachen: Es wird nicht berücksichtigt, dass Motivation eine wesentliche Rolle spielt, und es ist nicht darüber nachgedacht worden, was Gruppen und einzelne Menschen motiviert. Diejenigen, die das Betriebliche Vorschlagswesen verordnet haben, halten die Frage, was Gruppen und einzelne Menschen motiviert, für irrelevant. Zwar gibt es kaum ein Managementbuch, in dem das Thema Mitarbeitermotivation nicht erwähnt wird, aber offenbar ist das Thema noch nicht in der Praxis angekommen. **Motivation ist wesentlich**

Kennen Sie die oben beschriebenen Phänomene aus Ihrem Unternehmen? Sicher kennen Sie dann auch das: Die gefühlte Temperatur in der Wettervorhersage unterscheidet sich spürbar von der messbaren. Die gefühlte Temperatur im Unternehmen ist Symptom für die heimlichen Spielregeln, die in einem sehr engen Zusammenhang mit den Stolpersteinen und Barrieren stehen. Hörbar werden sie in den Äußerungen, die man zufällig auf dem Flur oder in der Kantine aufschnappen kann. Sie als Killerphrasen abzustempeln und abzuheften wäre einfach, hilft uns aber nicht wirklich weiter. Nutzen wir sie als Indiz, als Hinweis für den Gesundheitszustand der Unternehmenskultur oder speziell des Ideenmanagements.

Sammeln Sie Eindrücke! Nehmen Sie wahr und sammeln Sie zunächst Ihre Wahrnehmungen: Ist die Stimmung spürbar schlecht? Ist keine Begeisterung vorhanden? Interessiert sich niemand für das Ideenmanagement?

Stellen Sie Fragen! Der nächste Schritt wird durch Fragen eingeleitet, die Sie zunächst einmal selbst beantworten sollten. Die folgende, willkürlich zusammengestellte Liste deckt sicher nicht komplett alle offenen Fragen zum Thema Ideenmanagement ab. Sie ist als Anregung für Ihre Expedition gedacht, als Reiseproviant für Ihre Ursachenforschung, Ihre

Entdeckungsreise, auf der Sie mit Sicherheit Ihre eigenen Fragen finden werden.

Tipp: Denken Sie bei der Beantwortung auch daran, dass selten eine Ursache allein verantwortlich ist. Oft verstärken sich einzelne oder mehrere Aspekte zusätzlich gegenseitig. Fragen Sie sich zum Beispiel:

Fragen-Katalog als Anregung

- Ist das Ideenmanagement wirklich sichtbarer, hörbarer, täglich erfahrbarer Bestandteil unserer Unternehmenskultur?
- Wissen alle Mitarbeiter, was eine Idee oder ein Verbesserungsvorschlag ist?
- Wissen alle Mitarbeiter, ob nur Ideen mit Lösung akzeptiert werden oder auch Ansätze ohne Lösung?
- Wissen alle Mitarbeiter, was zum Ideenmanagement und was zum Kontinuierlichen Verbesserungsprozess gehört?
- Wissen alle Mitarbeiter, wann und wie in Ihrem Unternehmen eine KVP-Gruppe gegründet werden kann?
- Wissen alle Mitarbeiter, ob Verbesserungsvorschläge zum eigenen Aufgabenbereich eingereicht werden dürfen oder nicht?
- Könnte es sein, dass die Prämienhöhe zum Neidfaktor unter den Prozessbeteiligten wird?
- Ist über eine Gutachterhonorierung nachgedacht worden?
- Sind Gruppenvorschläge eindeutig geklärt?
- Sind die Führungskräfte offen oder unausgesprochen gegen ein Ideenmanagement – und wenn ja, warum?
- Sind die Führungskräfte überlastet?
- Sind die Gutachter überlastet?
- Könnte es sein, dass Gutachter gegen Unterstützer kämpfen?
- Sind Sie sicher, dass der Prozess des Ideenmanagement-Systems wirklich transparent ist?
- Könnte es sein, dass die Vorschläge auf Papier einen hohen Verwaltungsaufwand verursachen?
- Gibt es Öffentlichkeitsarbeit (Plakate, Handzettel, Artikel in Mitarbeiterzeitschrift, Wettbewerbe, Statistiken etc.)?
- Wenn es Öffentlichkeitsarbeit gibt, sind die einzelnen Maßnahmen durch eine gute Strategie sinnvoll aufeinander abgestimmt?
- Sind soziale Folgen, die aus der Realisierung von Vorschlägen entstehen könnten, konkret abgesichert?

- Wenn soziale Folgen, die aus der Realisierung von Vorschlägen entstehen könnten, konkret abgesichert sind – wissen das wirklich alle Mitarbeiter?
- Gibt es klare Zielvereinbarungen zum Ideenmanagement?
- Und wenn es eine Zielvereinbarung gibt: Steht darin etwas über den Nutzen oder bleibt der Nutzen reiner Zufall?
- Gibt es jemanden, der sich kontinuierlich kümmert?
- Wenn es jemanden gibt, der sich kontinuierlich kümmern sollte: Tut er es?
- Hat der Kümmerer ausreichende Kompetenzen?
- Hat der Kümmerer ein angemessenes Budget?
- Sind Sie sicher, dass es ausreichende Ressourcen für die Umsetzung von Verbesserungsvorschlägen gibt?

Ursachenforschung Wenn Sie diese Fragen und zusätzlich vielleicht noch Ihre eigenen beantwortet haben, könnte es hilfreich sein, zu einzelnen Antworten mithilfe eines Warum-Warum-Diagramms weiter zu forschen. Diese Technik ist hervorragend zum Verständnis der Ursachen komplexer Probleme geeignet.

Warum-Warum-Diagramm
Diese Methode zur Ursachenerforschung ist eine Variation des sogenannten Ishikawa Diagramms. Sie brauchen für jede Antwort, mit der Sie sich eingehender befassen wollen, ein DIN-A4-Blatt. Der Verlauf führt von links nach rechts. Schreiben Sie zunächst den Kern der Antworten, die Sie auf jede der oben genannten Fragen gefunden haben, links in die Mitte eines DIN-A4-Blattes. Die Frage „Warum?" bringt nun die erste Antwort-Ebene hervor. Stichworte zu den Antworten auf die erste Warum-Runde tragen Sie bei den Ästen der ersten Ebene ein. Dann folgt die nächste Frage-Runde usw. Wie bei einem Entscheidungsbaum – nur in anderer Richtung – ergeben sich immer weitere Zweige mit Antworten. Je nach Ausdauer oder Ergiebigkeit können Sie zwei oder fünf Mal „Warum?" fragen – idealerweise so lange, bis Sie mit dem gefundenen Ergebnis zufrieden sind bzw. weiterarbeiten können.

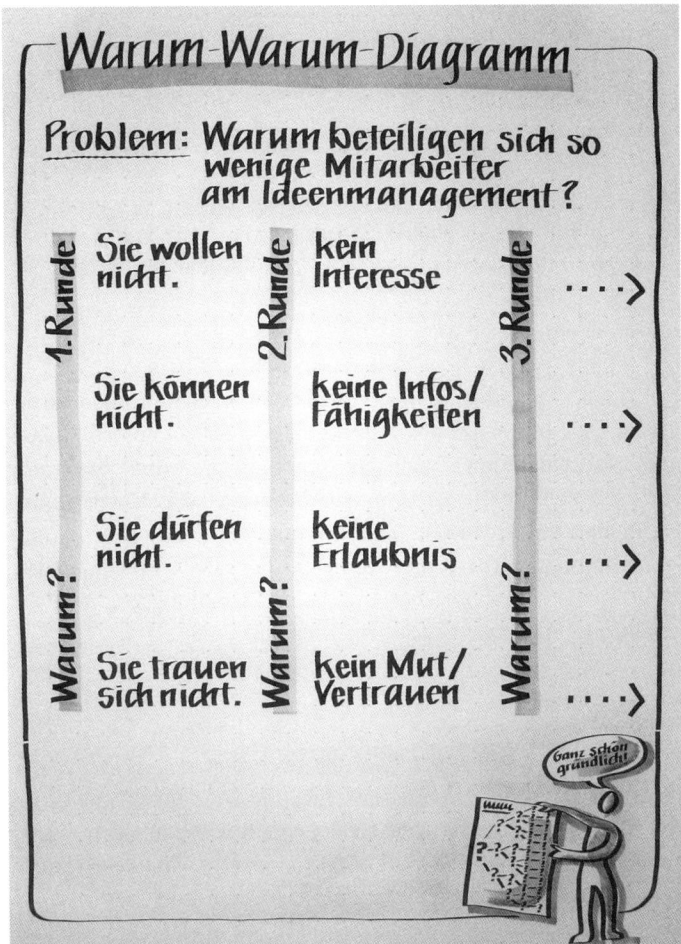

Nachdem der (Denk-)Boden durch dieses wiederholte Nachfragen und Nachdenken über die Antworten gut gelockert ist, können wir aus einer anderen Perspektive auf das Thema „Stolpersteine und Barrieren" schauen.

Liegt es immer am Unternehmen, wenn ein Ideenmanagement nicht funktioniert? Gibt es denn keine Ursachen, die im Mitarbeiter begründet sind? Schauen wir uns dazu die Mitarbeiter näher an oder besser: Hören wir ihnen zu, dann können wir fünf Aussagen unterscheiden (vgl. Norbert Thom, *Betriebliches Vorschlagswesen*, 1996).

Aussagen der Mitarbeiter

Ich kenne das nicht. (nicht kennen)
Ich kann das nicht. (nicht können)
Ich trau mich nicht. (nicht wagen)
Ich will nicht. (nicht wollen)
Ich darf nicht. (nicht dürfen)

Fragen wir auch hier wieder „Warum?", „Warum?"...! In der ersten Fragerunde könnten Sie auf folgende Resultate treffen:

Ich kenne das nicht.

Nicht-Kennen Für das Nicht-Kennen kann es mehrere Ursachen geben: Entweder ist der Mitarbeiter unaufmerksam und hat die Informationen nicht wahrgenommen. Vielleicht ist er aber auch Analphabet und kann gar nicht lesen. Es kann auch sein, dass das Unternehmen gar nicht ausreichend über das Ideenmanagement informiert hat: Der Mitarbeiter ist seit vier Monaten im Unternehmen, seitdem hat es keine Aktion gegeben und beim Einstellungsgespräch war das Ideenmanagement auch kein Thema.

Ich kann das nicht.

Nicht-Können Wenn wir davon ausgehen, dass die Aussage richtig ist und es sich nicht lediglich um eine Fehleinschätzung handelt, könnte es für das Nicht-Können diese Ursachen geben: Kreativitätsmangel, Einfallslosigkeit, Artikulationsschwierigkeiten bzw. fehlende Sprachkenntnisse.

Ich trau mich nicht.

Nicht-Wagen Auch für das Nicht-Wagen können wir verschiedene Möglichkeiten finden: Furcht vor materiellen Nachteilen, die sich aus einem Verbesserungsvorschlag ergeben. Furcht vor immateriellen Nachteilen, die sich aus einem Verbesserungsvorschlag ergeben. Ein umgesetzter Vorschlag kann im schlimmsten Fall zum Verlust des Arbeitsplatzes führen. Bei Arbeitserleichterungen könnten – zum Beispiel bei Akkordarbeit – die Anforderungen erhöht werden. Auch die Angst vor Blamage kann eine Rolle spielen.

Ich will nicht.

Auch das Nicht-Wollen kann verschiedene Ursachen haben: allge- **Nicht-Wollen**
meine Interesselosigkeit oder Gleichgültigkeit gegenüber dem
Betriebsgeschehen. Es könnte sein, dass der Mitarbeiter aktuell
private Probleme hat oder dass er durch seine Arbeitsaufgabe
überlastet ist. Vielleicht ist das Nicht-Wollen auch ein Selbstschutz,
weil Veränderungen zu starker Verunsicherung führen könnten.

Ich darf nicht.

Gründe für ein Nicht-Dürfen sind in der Betriebsvereinbarung zu **Nicht-Dürfen**
finden. Häufig werden einzelne Personengruppen ausgeschlossen,
zum Beispiel dürfen sich Führungskräfte oft nicht am Vorschlagswesen beteiligen.

Die Basis: Kommunikation

Ein Indiz für die Unternehmenskultur, für den Umgang miteinan- **Fallbeispiel Erich F.**
der, ist die Kommunikation. Es wäre zu hoffen, dass der folgende
Bericht des Erich F. tatsächlich der Vergangenheit angehört.

....

„Ich war entsetzt über die Kommunikation im Unternehmen. In
manchen Abteilungen lief es zwar ganz gut. Man hielt zusammen,
fühlte sich zusammengehörig. So sehr zusammengehörig, dass
man gegen andere Abteilungen dichtmachte, sich geradezu ab-
schottete, zum Beispiel, um besser dazustehen. Es gab regelrech-
te Grabenkämpfe. Kompetenzgerangel. Es gab Vorurteile und es
fehlte jegliches Interesse an anderen. Hauptsache, man hatte sein
eigenes Schäfchen im Trockenen. Deutlich sichtbar war das in der
Kantine. An den langen Tischreihen hatte jede Abteilung ein eigenes Territorium, also Stammplätze. Und wehe, es wagte jemand,
sich woanders hinzusetzen. Der oder die wurde mit Blicken getö-
tet. Das Gegenteil von Austausch, eher Angst davor. Als Folge davon gab es auch keine Netzwerke im Unternehmen (jedenfalls
nicht im positiven Sinne). Nur Mauern. Was die Arbeit betraf, da

sahen die Mitarbeiter vielleicht auch gar keine Notwendigkeit, besser miteinander zu kommunizieren, weil die Vorgaben ja von oben kamen. Es gab eine strenge Hierarchie – die Kommunikation verlief wirklich strikt von oben nach unten und nur so. Der Chef, also mein Vater, kannte zwar seine Leute. Er gratulierte persönlich zum Geburtstag, zum Jubiläum, zur Hochzeit oder wenn ein Kind geboren war – aber das war's dann auch schon. Er sprach faktisch nur mit seiner Führungsmannschaft. Und natürlich hielt er eine kurze Rede auf Betriebsfesten, bevor man zum Essen und – noch ausführlicher – zum Trinken überging. Zur Kommunikation mit der Führungsmannschaft könnte man sagen, er sprach nicht mit ihnen, sondern zu ihnen. Sie erhielten Aufträge, Vorgaben ... entschieden hat letztlich immer der Chef."

Weil das Thema Kommunikation einen sehr wichtigen Stellenwert hat, sieht der Maßnahmenkatalog der Xenophil Bauteile GmbH zahlreiche Angebote für die Mitarbeiter vor. Mehr hierzu erfahren Sie im 4. Kapitel.

Hindernisse überwinden

Überlegungen zu Beginn
Stellen wir uns vor, Sie wollen ein Ideenmanagement-System neu einführen. Es gibt – so unser Denkbeispiel – keine Vorläufer und deshalb auch keine negativen Vorerfahrungen, weder bei den Mitarbeitern noch bei den Führungskräften. Sie können also mit Ihrer Planung bei null anfangen, das heißt ohne „Altlasten", was in der Realität selten der Fall sein wird.

1. Vision
2. Know-how (Fähigkeiten und Wissen)
3. Kommunikation
4. Anreize
5. Ressourcen (finanziell und zeitlich)
6. Infrastruktur
7. Zustimmung und Unterstützung des Managements
8. Aktionsplan

Und jetzt Sie: Wie würden Sie diese Begriffe im Zusammenhang mit dem einzuführenden Ideenmanagement mit Leben füllen?

Vision bedeutet für mich:

Know-how (Fähigkeiten und Wissen) bedeutet für mich:

Kommunikation bedeutet für mich:

Anreize bedeutet für mich:

Ressourcen (finanziell und zeitlich) bedeutet für mich:

Infrastruktur bedeutet für mich:

Zustimmung und Unterstützung des Managements bedeutet für mich:

Aktionsplan bedeutet für mich:

Hier meine Lösungsvorschläge:

Vision – Vorstellung davon, wie ein ideales Ideenmanagement gelingt, was es leistet und was es bei allen Beteiligten und für die Organisation bewirkt: Es ist integraler Bestandteil.

Know-how - (Fähigkeiten und Wissen) – Hier gibt es zwei Aspekte.

Lösungsvorschläge

1. das vorhandene Know-how der gesamten Belegschaft, auf das ein Ideenmanagement vertraut, und
2. das Know-how derer, die das Ideenmanagement planen, einführen und später kontinuierlich verbessern wollen bzw. sollen.

Vertrauenskultur **Kommunikation** – Kommunikation kann hier als Synonym verstanden werden für Vertrauenskultur, für offenen Austausch und auch für konstruktiven Umgang mit Fehlern.

Anreize – Hier sind zwei Aspekte zu betrachten:
1. Anreize für die Auftraggeber: Das könnte die Aussicht auf Einsparungen sein, die Aussicht auf eine Verbesserung des Betriebsklimas, die Aussicht auf bessere Arbeitsergebnisse, Produkt- und/oder Servicequalität usw.
2. Anreize für die Ideengeber: Das könnten Prämien sein, es könnte aber auch – viel weiter gefasst – um eine Wertschätzungskultur gehen usw.

Investieren **Ressourcen (finanziell und zeitlich)** – Ressourcen sind vor allem zahlt sich aus in der Einführungsphase wichtig, um den Start gut vorzubereiten. Mitarbeiter einer Planungsgruppe oder Teilnehmer von Arbeitsgruppen müssen freigestellt werden. Eine Auftaktveranstaltung muss finanziert werden. Informationsmaterial muss erstellt werden (siehe Kapitel 4). Wie der dib-Report belegt, zahlt sich die Investition in einen guten Start aus, der Nutzen eines funktionierenden Ideenmanagements wird durch Zahlen bestätigt.

Infrastruktur – Die Infrastruktur für das Ideenmanagement wird durch die Aufbau- und Ablaufstruktur geschaffen. Sie ist abhängig davon, für welches Modell Sie sich entscheiden (siehe Kapitel 2 „Die drei Grundmodelle für die Organisation des Ideenmanagements").

Zustimmung und Unterstützung des Managements – Zustimmung bedeutet nicht einfach abnicken. Das Management muss wissen, was Ideenmanagement in allen Konsequenzen bedeutet – sowohl für das Unternehmen als auch für jede einzelne Führungskraft. Das Ja zum Ideenmanagement muss in der Haltung zum Ausdruck kommen. Es muss vorgelebt werden.

Aktionsplan – Statt Aktionsplan könnten wir auch Strategie sagen: Es muss einen Plan dafür geben, wie vorgegangen wird, um die gesetzten Ziele zu erreichen, und die einzelnen Bausteine dieses Plans müssen sinnvoll aufeinander abgestimmt sein.

Geeignete Strategie

Nun gehen wir von folgender These aus: Das Projekt „Einführung eines Ideenmanagement-Systems" wird von Erfolg gekrönt sein, wenn alle acht Elemente vorhanden sind. Im Bild stellt sich das folgendermaßen dar:

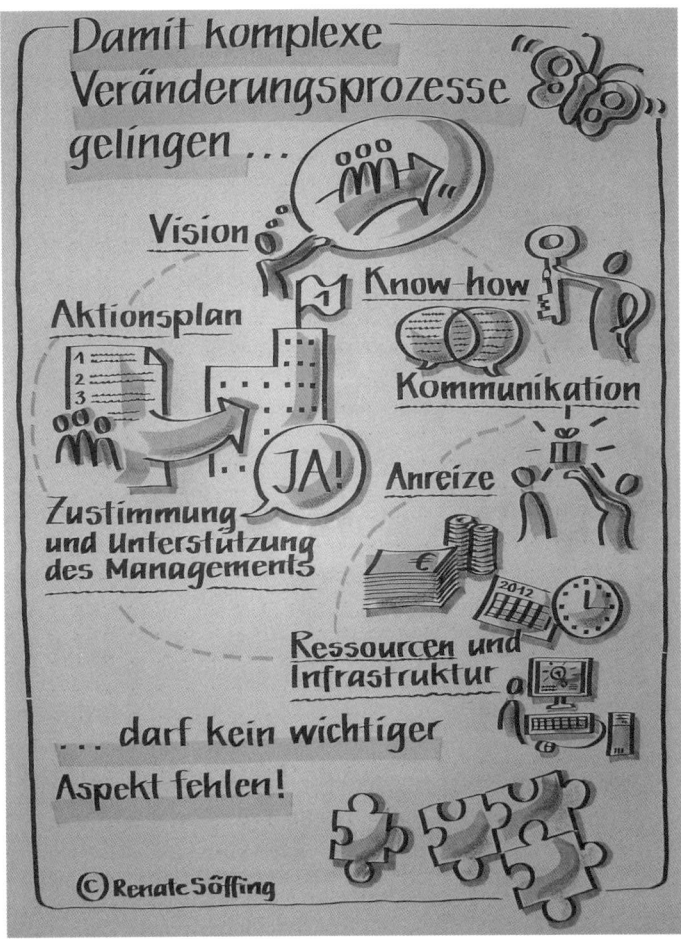

Kein Element darf fehlen

Die folgende Abbildung zeigt im Überblick, was geschehen wird, wenn jeweils eines der sieben Elemente fehlt.

Komplexe Veränderungsprozesse

Wie wichtig etwas ist, merken wir, wenn etwas fehlt:

☑ Keine Vision ···> Orientierungslosigkeit

☑ Kein Know-how ···> Unsicherheit

☑ Keine Kommunikation ·>Stagnation

☑ Keine Anreize ···> Desinteresse

☑ Keine Ressourcen/ Keine Infrastruktur ...> sehr zäher, langsamer Wandel

☑ Keine Zustimmung/ Unterstützung des Managements .....> Scheitern

☑ Kein Aktionsplan ...> Fehlstart

© Renate Söffing

Fazit: Fehlt eines der acht Elemente, wird der Veränderungsprozess
- einen Fehlstart verkraften müssen (Sie können dann entweder aufgeben oder noch einmal beginnen)
- stagnieren oder sehr langsam verlaufen
- Frustration bewirken

- Angst auslösen
- Desinteresse, Verunsicherung oder Verwirrung hervorrufen

Was kann das Fehlen eines Elements bedeuten? Es bedeutet, dass dieser Aspekt entweder vergessen wurde oder nicht zur Verfügung steht. Auch hier sollten wir in bewährter Weise wieder „Warum? Warum? …" fragen, um die tieferen Ursachen zu bestimmen.

So geradlinig und einfach überschaubar verläuft eine Kette von Ursache und Wirkung im realen Alltag leider nicht. Es wäre sonst recht einfach, alle auftretenden Probleme zu lösen.

Was bringt uns nun diese vereinfachte Darstellung? Sie macht die Faktoren sichtbar, die von der Planungsgruppe bzw. vom Management beeinflussbar sind. Oder: die beeinflussbar sein sollten, wenn die Unternehmensleitung wirklich will, dass Ideenmanagement keine Alibifunktion hat, kein Aushängeschild ist, sondern tatsächlich funktioniert.

Beeinflussbare Faktoren

Die besprochenen Schwierigkeiten sollen Sie nicht davon abschrecken, sich mit dem Ideenmanagement zu beschäftigen. Im Gegenteil: Nur wenn Sie sich mit den Hindernissen, die auftauchen können, auseinandersetzen, werden Sie fähig sein, proaktiv zu handeln.

Proaktiv handeln

Michael Löhner zeigt in seinem Bericht über eine Studie der Psychologieprofessorin Shelly Taylor von der University of California (in *Führung neu denken*, Frankfurt, New York 2009, S. 62 f.), wie man es trainieren kann, Hindernisse zu bewältigen:

Taylor bildete drei Gruppen aus Studenten, die jeweils ihr Lernverhalten verbessern wollten. Die „Visionen-Gruppe" sollte sich in den schönsten Farben vorstellen, wie sie nach der erfolgreich abgelegten Prüfung die Glückwünsche ihrer Familie und Freunde entgegennehmen und mit sich selbst zufrieden sein würde. In der zweiten Gruppe, der „Hindernisse-bewältigen-Gruppe", wurden die Studenten instruiert, sich alle Ereignisse vorzustellen, die sie vom Lernen abhalten könnten, beispielsweise eine Party, schönes Wetter oder eine entmu-

tigend schlechte Note. Sie sollten sich dann vor Augen führen, wie sie trotz dieser Verlockungen beziehungsweise Rückschläge weiter am Schreibtisch sitzen und lernen würden. Die dritte Gruppe schließlich bekam keinerlei Anweisungen.

Das Ergebnis der ersten beiden Gruppen erscheint verblüffend, denn die „Hindernis-bewältigen-Gruppe" erwies sich am erfolgreichsten: Sie steigerte ihre Leistung kontinuierlich. Dagegen fielen die Leistungen der „Visionen-Gruppe" immer mehr ab: Ihr Lerneifer war sofort dahin, sobald sie von der Realität eingeholt wurden – zum Beispiel in Form schlechter Noten. „Der Glaube an Visionen mag zwar kurzfristig Energien freisetzen. Langfristig aber gilt es, Visionen mit Strategien zu unterfüttern", schlussfolgert der Psychologe Christoph Eichhorn aus dieser Studie. Nur so gelange man Schritt für Schritt ans Ziel.

Hindernisse auf keinen Fall durch missverstandenes positives Denken verdrängen, sondern bewusst wahrnehmen und dann auf die Lösung konzentrieren.

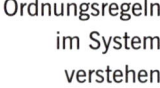
Ordnungsregeln im System verstehen

Zum Schluss dieses Kapitels noch ein weiterer Tipp: Systeme bestehen immer aus Elementen, die zueinander in Beziehungen stehen. Und diese Elemente bilden Muster. Um diese Muster zu verstehen, müssen wir die Ordnungsregeln verstehen, nach denen die Elemente Muster bilden. Das gilt für alle Systeme auf dieser Erde, nicht nur für chemische, biologische Systeme, sondern auch für soziale Systeme, auch für Organisationen.

Wir können Systeme nicht beeinflussen oder verändern, ohne ihre Regeln zu beachten. Arbeiten Sie also nicht gegen die Regeln, sondern mit den Regeln. Und denken Sie dabei auch an das System hinter dem System, an die geheimen Regeln!

4. Damit alle gerne mitmachen – Öffentlichkeitsarbeit

Ideenmanagement kann nur gelingen, wenn alle Beteiligten es kennen. Das ist die Mindestvoraussetzung. Noch besser: Alle wissen nicht nur genau, worum es geht – sie sagen mit ganzem Herzen Ja dazu und sind auch bereit zu handeln.

Das Ganze ist mehr als die Summe seiner Teile

Öffentlichkeitsarbeit besteht aus vielen einzelnen Paketen, die erst in der sinnvollen Abstimmung aufeinander ihre volle Wirksamkeit entfalten. Mehr noch: Wenn die einzelnen Pakete aufeinander abgestimmt sind, können sie ihre Wirkung gegenseitig verstärken. Anders gesagt: Sie werden keinen Erfolg haben, wenn Sie punktuell einzelne Werbe- oder Informationsmaßnahmen durchführen, ohne dass ein übergeordneter Zusammenhang erkennbar ist.

Maßnahmen koordinieren

Eine intensiv geplante und gut vorbereitete Auftaktveranstaltung – wie in Kapitel 2 beschrieben – kann die Grundlage dafür schaffen, dass jede einzelne Werbe- und Informationsmaßnahme wirkt. Ohne eine derartige gemeinsame Erfahrung aller Beteiligten hat Ihr Vorhaben wenig Aussicht auf Erfolg. Es kann kaum gelingen, Ideenmanagement oder gar den Gedanken einer neuen Unternehmenskultur lediglich über eine Broschüre, ein Plakat oder einen Handzettel so zu kommunizieren, dass die Vision, die dahinter steht, verstanden, angenommen und auch mitgetragen wird.

Welche Wege müssen gebahnt und beschritten werden, um die (zunächst einmal) interne Öffentlichkeit für Ideenmanagement herzustellen? Eine Auftaktveranstaltung schafft die ideale Grundlage und Ausgangsposition – aber damit ist es nicht getan. Die eigentliche Arbeit geht danach erst richtig los. Und das muss zeitnah geschehen, denn Sie wollen das entfachte Interesse ja schließlich langfristig wach halten. Gelingt das, dann wird sich das aufgebaute Vertrauen als berechtigt erweisen. Die vielen gesammelten Ideen müssen jetzt Schritt für Schritt umgesetzt werden. Und – ganz wichtig – das müssen Sie kommunizieren! Nicht nur einmal, sondern kontinuierlich.

> Öffentlichkeitsarbeit unterstützt eine vorhandene Vertrauenskultur und sichert den Fluss der Informationen für alle Beteiligten.

Strategische Vorgehensweise

Wichtig:
Das Timing

Was für Ihr Unternehmen die geeignete Vorgehensweise ist, ergibt sich aus Ihrer Zielsetzung. Alle weiteren Einzelschritte und Maßnahmen sind in einer guten Strategie so sinnvoll aufeinander abzustimmen, dass die Zielerreichung gesichert ist. Ein wichtiger Aspekt ist dabei das richtige Timing. Nicht alles auf einmal veröffentlichen, sondern in regelmäßigen Intervallen.

Keine Banalitäten

Wenn Sie etwas veröffentlichen, sei es nun ein Handzettel, ein Plakat oder ein Flyer, sollte der Inhalt gehaltvoll sein. Ein Beispiel: Eher banal wäre es, lediglich ein Foto zu veröffentlichen, das zeigt, wie ein Einreicher eine Urkunde entgegennimmt. Spannender wäre ein kurzer Bericht oder ein Interview, das nachvollziehbar macht, wie die Idee entstanden ist oder funktioniert. Wenn der Ideenmanager Mitarbeiter regelmäßig interviewt, kommt eine Fülle an Material zusammen. Die Analyse der geführten Gespräche erlaubt im Abgleich mit der Zielsetzung nicht nur die kontinuierliche Überprüfung und Verbesserung der Gesamtstrategie. Hier lassen sich auch zahlreiche Inspirationen für werbewirksame

Maßnahmen herausfiltern. Und nicht zuletzt können diese Gespräche auch als Stimmungsbarometer genutzt werden.

> **Qualitätskriterium für die Strategie ist nicht nur die Zahl der umgesetzten Ideen, sondern auch die Zufriedenheit und das Engagement der Mitarbeiter.**

Bausteine für die Bekanntmachung des Ideenmanagements

Kleider machen Leute! Nicht nur Menschen gewinnen durch ein ansprechendes Äußeres, auch Ihr Ideenmanagement profitiert von einer ansprechenden (Transport-)Verpackung. Unbestritten ist heute, dass Unternehmen ein Corporate Design (CD) brauchen, ein maßgeschneidertes visuelles Erscheinungsbild. Das CD ist ein Teil der Unternehmenspersönlichkeit, auch Corporate Identity (CI) genannt. Auch das Ideenmanagement braucht ein unverwechselbares Profil, damit es sich bei allen Beteiligten leicht einprägt und positive Assoziationen weckt. Das Ideenmanagement ist ein wichtiger Teil des Unternehmens, der Organisation, deshalb sollte es selbstverständlich auf das vorhandene Gesamt-Design des Unternehmens abgestimmt sein.

Corporate Design für das Ideenmanagement

Wenn Sie Wert auf professionelle PR für Ihr Ideenmanagement legen, sollten Sie sich auch für ein professionelles Corporate Design entscheiden. Worauf muss dabei geachtet werden?

Mit dem Corporate Design erhält das Ideenmanagement ein unverwechselbares Erscheinungsbild, das allen Veröffentlichungen, Auszeichnungen, Give-aways usw. ein deutliches Gesicht gibt. Ziel ist die optimale Wiedererkennbarkeit. Auch der Sympathiefaktor spielt eine entscheidende Rolle. Einmal gewählte Farben, Schriften, Logos und Gestaltungsraster sollten für alle internen und externen Kommunikationsmittel verwendet und die einzelnen Elemente des

Corporate Designs in einem speziellen Handbuch zusammenfasst werden, das allen, die mit dem Ideenmanagement zu tun haben, stets in einer aktuellen Fassung zur Verfügung steht.

Logo

Identifikation mit dem Thema

Ein gutes Logo ist wichtig, wenn die Wirkung professionell sein soll. Im Erscheinungsbild des Ideenmanagements ist das Logo zentrales Element. Es unterstützt die Identifikation mit dem Thema. Lassen Sie Ihr Logo von Profis entwerfen und treffen Sie unter mehreren Vorschlägen eine sorgfältige Wahl. Schließlich soll Sie das Logo lange begleiten.

Im Auswahlprozess werden meistens verschiedene Vorschläge diskutiert. Ein Logo besteht in der Regel aus einer Wortmarke, also aus mehreren Buchstaben oder Wörtern, einer Bildmarke, also aus einem Bild oder einem grafischen Element, oder einer Wort-Bild-Marke, also einer Kombination aus beidem. Das Logo ist das Herzstück Ihres Ideenmanagement-Corporate Designs.

Eigenschaften

Damit das Logo die gewünschte identitätsstiftende Funktion entfaltet, sollten Sie darauf achten, dass es folgende Eigenschaften besitzt:

- Es muss Aufmerksamkeit wecken und Signalwirkung haben.
- Es muss prägnant sein und Erinnerungswert besitzen.
- Es muss zukunftsorientiert bzw. auch nach einigen Jahren noch aktuell sein.
- Es muss deutlich werden, dass das Ideenmanagement ein integraler Bestandteil Ihres Unternehmens ist.

Das Logo unserer Beispielfirma Xenophil ist eine Identifikationsfigur, die aus einem Maulschlüssel entwickelt wurde. Die Idee stammte übrigens von den Mitarbeitern. Ihnen gefiel die Vorstellung gut, dass ein Ideengeber jemand ist, der „das Maul aufmacht" und der einen Schlüssel zur Lösung eines Problems liefert. Außerdem ist der Maulschlüssel sowohl Mitarbeitern als auch Kunden dieses Unternehmens vertraut; er ist ein praktisches, hilfreiches Werkzeug. Aus dem Firmennamen Xenophil wurde der Name für das Männchen abgeleitet, nämlich XenophID. Die Buchstaben ID wurden den Anfangsbuchstaben des Wortes „Idee" entnommen und erinnern an „Identifikation". Der Teil „phID" erinnert vom Klang her an „fit".

Beispiel XenophID

Zusammenarbeit mit Werbeabteilung oder Agentur/Grafiker

Kosten und Qualität abwägen Sie müssen entscheiden, ob Ihre eigene Werbeabteilung – sofern es eine gibt – die Kapazität hat, Ihr Design und Logo sowie die Werbemittel zu entwerfen, oder ob Sie eine Agentur beauftragen. Entscheidungskriterien sollten nicht nur die Kosten sein, auch die zu erwartende bzw. gewünschte Qualität spielt eine Rolle.

Produktion (Druck/Auflage) der Werbemittel

Abhängig von Ihrer Entscheidung darüber, wer Ihre Kommunikationsmittel erstellt, kann es sein, dass die Überwachung der Produktion auch in Ihren Aufgabenbereich fällt. Sie entscheiden, welche Auflagenhöhe sinnvoll ist. Der Vorteil einer hohen Auflage sind die niedrigen Stückkosten. Der Nachteil einer hohen Auflage kann sein, dass Material (Handzettel, Give-aways usw.) lange liegt, gelagert werden muss und veraltet oder unansehnlich wird.

Internetplattform für das Ideenmanagement

Hier haben Sie die Wahl zwischen einer maßgeschneiderten, nach Ihren Vorgaben entwickelten Software und auf dem Markt bereits vorhandenen Lösungen verschiedener Anbieter. Diese Entscheidung hängt sowohl von der Zielsetzung, Ihrem Budget als auch von der Größe Ihrer Firma bzw. Organisation ab.

Bildmaterial

Wenn Ihr Auftritt professionell wirken soll, ist gutes Bildmaterial Pflicht. Investitionen lohnen sich, wenn das Bildmaterial sowohl für die interne als auch für die externe Kommunikation genutzt wird. Im Zeitalter der Digitalfotografie gibt es viele Bildagenturen, über die Sie preiswert gute Fotos in bester Qualität und großer Auswahl beziehen können.

Blog

Experimentieren Sie mit einem internen Webblog für das Ideenmanagement. Anders als bei einer üblichen Website haben die
Nutzer hier die Möglichkeit, unmittelbar aktiv zu werden, indem
sie Kommentare einfügen. Hierauf sollte allerdings zeitnah re-
agiert werden, damit die Kommunikation in Gang bleibt. Ein Blog
eignet sich für die Entwicklung komplexer Ideen, die noch in der
Schwebe sind und durch unterschiedliche Perspektiven an Gehalt
gewinnen können. Im Rahmen eines klassischen Betrieblichen
Vorschlagswesens könnte allerdings die Frage der Prämienberechnung schwierig werden: Wenn sich aus einem Blog ein konkret
eingereichter Verbesserungsvorschlag ergeben sollte, kann es bei
einem klassischen Prämiensystem nämlich schwierig werden, die
Urheber zu identifizieren und Anteile an einer Idee zu gewichten.

Dialog mit Nutzern

Interne Kommunikation

Vorrangige Aufgaben der internen Kommunikation sind die Be-
kanntmachung der Ziele des Ideenmanagements, die Information
über die Abläufe und – wenn alles in Gang gekommen ist – die
kontinuierliche Aktualisierung des Wissensstands aller Beteiligten.

**Ziele im Unter-
nehmen bekannt
machen**

Wie bereits erwähnt, können Sie durch eine Kick-off-Veranstaltung eine gute Grundlage schaffen. Je mehr Vertrauen durch die
gemeinsame Erfahrung einer solchen Veranstaltung aufgebaut
wird, desto weniger hat anschließend die interne Kommunikation
zum Thema Ideenmanagement zu leisten.

Ideenmanagement-Newsletter

Ein per E-Mail verschickter monatlich erscheinender Ideenmana-
gement-Newsletter kann die Verbundenheit der Mitarbeiter mit
dem Thema stärken und lebendig erhalten und er erleichtert das
Nachdenken aller Beteiligten über spannende Fragestellungen und

Lösungswege. Er muss auf sehr einfache Weise Spaß machen und zum Mitmachen anregen.

Beispiel Xenophil In unserem Beispielunternehmen, der Xenophil Bauteile GmbH, wurde das Konzept für einen Newsletter von einer der Arbeitsgruppen entwickelt, die aus der Kick-off-Veranstaltung hervorgegangen sind. Diese Arbeitsgruppe erhielt vom Unternehmen Unterstützung (zum Beispiel wurde eine kontinuierlich wachsende Bibliothek – sowohl in digitaler Form als auch in Papierform – eingerichtet und Software für die Gestaltung gesponsert. Außerdem wurde ein Wochenend-Workshop zum Thema Schreiben durchgeführt.

....

Workshop zum Thema Schreiben in der Xenophil Bauteile GmbH

Dieser – von den Mitarbeitern gewünschte – Workshop fand an einem Wochenende, also außerhalb der Arbeitszeit, statt. Er kam so gut an, dass es inzwischen einen Aufbauworkshop gegeben hat. Die Ausgangsidee war, Know-how zu vermitteln, um ungeübten Redakteuren die Angst vor dem leeren Bildschirm bzw. dem weißen Blatt zu nehmen. Inzwischen zeigt sich, dass die Teilnahme am Workshop sich gleichzeitig sehr positiv auf die schriftliche Kommunikation im Unternehmen auswirkt. Die Teilnehmer treffen sich auch privat und bearbeiten Themen wie Rechtschreibung, Kreatives Schreiben, Werbetexte usw. Außerdem sind sie nicht nur die Kern-Autorengruppe unseres Ideenmanagement-Newsletters, sie halten außerdem alle Kollegen über ihre Fortschritte beim Thema Schreiben auf dem Laufenden. Und wir sind stolz darauf, sagen zu können, dass die Beliebtheit unseres Newsletters konstant sehr beachtlich ist. Ein Maßstab für die Zufriedenheit ist die Anzahl der Leserbriefe.

....

Hier einige mögliche Rubriken für einen Ideen-Newsletter:

- Problemlösungsstrategien und Kreativitätstechniken
- Umgesetzte Ideen

- **Ideen-TÜV:** Unter dem Motto „TÜV abgelaufen" vergeben die Mitarbeiter Plaketten für Themen und Abläufe, die nach ihrer Meinung überdacht werden sollten. Das ist eine Vorstufe für einen Verbesserungsvorschlag, eine Anregung zum Nachdenken, wenn man selbst noch keine Lösung gefunden hat (aus dem KVP-Gedanken hervorgegangen).
- **Rätsel:** Dazu können die Mitarbeiter selbst Rätselfragen einschicken. Möglich sind beispielsweise gezeichnete Drudel: Ein Drudel ist ein Bilderrätsel, bei dem aus einer Zeichnung das Dargestellte herausgelesen werden muss, wobei die Darstellung oft eine ungewöhnliche oder extreme Perspektive oder einen extremen Ausschnitt verwendet. Zum Beispiel: außergewöhnliche Perspektiven auf Situationen im Unternehmen.
- **Gute Ideen** anderer Denker
- **Interviews**
- **Ideen-Coaching:** Wer eine Idee hat, aber alleine nicht weiterkommt, kann einen Kollegen bitten, als Coach zu fungieren. Es gibt sogar eine kleine Ausbildung zum Ideen-Coach.
- **Gutachter** kommen zu Wort, Thema: Das nervt uns! Das freut uns! Darauf sind wir stolz!
- **Patenschaften:** Mitarbeiter übernehmen die Patenschaft für Maschinen oder Räume. In jeder Ausgabe wird über einen anderen Paten berichtet. Es können auch Patenschaften außerhalb des Unternehmens übernommen werden, wenn dabei das Thema Ideenmanagement weitergetragen wird, zum Beispiel im Sportverein oder in der Gemeinde.

Die Zielsetzung für den Ideen-Newsletter könnte wie folgt lauten:

Mögliche Zielsetzung

Wir wollen die Beziehungen zu unseren „Kunden" kontinuierlich pflegen und vertiefen. Wir wollen das Thema Ideenmanagement regelmäßig in Erinnerung rufen und neue Impulse geben. Deshalb geben wir einen speziellen Ideen-Newsletter heraus. Mit ihm können wir ohne großen finanziellen Aufwand über aktuelle Themen und Entwicklungen informieren. Wir können auch Mut machen und daran arbeiten, Ideen-Blockaden abzubauen. Unser Ideen-Newsletter wird per E-Mail verschickt. Jeder Mitarbeiter, der über einen PC verfügt, kann ihn abonnieren. Die Mitarbeiter aus der Produktion haben über Terminals Zugang.

Ideenmanagement-Imageflyer

Ein Flyer kann über die grundsätzlichen Ziele, über die Ablauforganisation, Ansprechpartner, E-Mail-Adresse informieren. Ein solcher Flyer ist vor allem für neue Mitarbeiter sinnvoll, ebenso für Praktikanten, Zulieferer und Kunden.

Plakate

Tipps für die Gestaltung

Werbemittel müssen professionell gestaltet sein, das gilt vor allem für Plakate, die interne und externe Kunden ansprechen sollen. Wenn personelle und finanzielle Ressourcen für eine professionelle Gestaltung knapp sind, ist das nicht immer gewährleistet. Für alle Ideenmanager, die vor einem ähnlichen Problem stehen, hier ein paar Tipps für die Gestaltung:

- Gilt fast immer: Weniger ist mehr!
- Nicht zu viele Schriften verwenden!
- Sparsam mit Farben umgehen!
- Gute Fotos einsetzen!
- Spannende Bildausschnitte wählen!

Beispiel Xenophil

Lesen wir, wie es die Xenophil Bauteile GmbH macht:

Da unser Ideenmanagement inzwischen schon sehr etabliert ist, gehen wir davon aus, dass wir Plakate gar nicht mehr einsetzen müssen, um allgemein für das Ideenmanagement zu werben. Uns erscheint es ausreichend, Plakate nur noch für spezielle Ereignisse bzw. Aktionen zu nutzen. Dafür beschreiten wir zwei Wege: Erstens haben wir ein Gestaltungsraster für Plakate entwickelt, das die Wiedererkennbarkeit erleichtert. Zweitens haben wir eine Idee eines Mitarbeiters aufgegriffen und uns dafür gute alte Plakatmotive zum Vorbild genommen (Plakate für Schiffsreisen, Kaffeewerbung usw.). Daher sind sie inzwischen schon zu Sammlerstücken geworden.

Handzettel und Aufkleber

Handzettel sind geeignete Werbemittel für Sonderaktionen, vor allem, wenn Erklärungsbedarf besteht und es sinnvoll ist, die Informationen – auf den Punkt gebracht – mitnehmbar zu machen. Aufkle-
ber können kostengünstige und hilfreiche Impulsgeber sein,
vorausgesetzt sie werden nicht inflationär eingesetzt. So verwendet
die Xenophil Bauteile GmbH beispielsweise Ideen-TÜV-Aufkleber,
die als Hinweis für Verbesserungsbedarf eingesetzt werden. Auf diesen „TÜV"-Plaketten ist der Ansprechpartner vermerkt, sodass man
sich mit ihm in Verbindung setzen kann, um gemeinsam an der Lösung zu arbeiten.

Geeignet für Sonderaktionen

Mitarbeiterzeitung

Wenn es in Ihrem Unternehmen, in Ihrer Organisation, eine Mit-
arbeiterzeitung gibt, sollte das Thema Ideenmanagement dort unbedingt einen festen Platz haben: eine Rubrik oder Kolumne, in
der regelmäßig berichtet wird. Regelmäßig darf aber keinesfalls
langweilig bedeuten! Leider kann das leicht passieren, wenn die
Regelmäßigkeit zur lästigen Routine wird. Sie können dem entge-
genarbeiten, indem Sie einen Jahresplan entwerfen. So haben Sie
reichlich Stoff, falls sich nicht von selbst spannende Themen ergeben. Liegen keine interessanten Verbesserungsvorschläge vor, die
von Mitarbeitern eingereicht wurden, können Sie beispielsweise
über Ideenfindungstechniken oder Problemlösungsmethoden
schreiben, die Ihre Mitarbeiter beflügeln.

Tipp: Jahresplan

Schwarzes Brett

Erfassen Sie den Ist-Zustand:
- Welche Informationswände gibt es an welchen Orten in Ihrem
  Unternehmen oder Ihrer Organisation?
- Wie (oft) werden sie tatsächlich genutzt?
- Wie attraktiv sind sie wirklich?

Beziehen Sie alle ein, die diese Informationswände nutzen! Werten Sie die Ergebnisse aus und leiten Sie daraus Verbesserungsideen ab. Achten Sie darauf, nur dort Schwarze Bretter zu platzieren, wo sie wirklich nützlich für die Kollegen sind. Diese Infowände können zu regelrechten Infobörsen gestaltet werden, in denen beispielsweise über die Ergebnisse von Arbeitsgruppen berichtet wird.

Externe Kommunikation

Ideen-Pressespiegel

Erstellen Sie einen speziellen Pressespiegel zum Thema „Ideen". Das kann eine Sammlung von Veröffentlichungen sein – sowohl zum Thema Ideenmanagement allgemein als auch zu verwandten Themen, aber natürlich auch über die Leistungen Ihres Ideenmanagements. Sie zeigen damit konkret, wie Ihr Unternehmen vom Ideenmanagement profitiert. Dieser Pressespiegel darf aus rechtlichen Gründen nur intern veröffentlicht werden.

Bild in der Öffentlichkeit Ein Pressespiegel dokumentiert üblicherweise das Bild eines Unternehmens oder einer Organisation in der Öffentlichkeit. Er ist deshalb auch ein geeignetes Mittel, den Erfolg der firmeneigenen Pressearbeit zu beurteilen. Ein Ideen-Pressespiegel erfasst alles, was Ihren Mitarbeitern dabei helfen kann, kreativ zu werden, zu sein und zu bleiben. Er macht Mut zum und Lust aufs Mitmachen.

Presseinfo

Kontakt zur Presse Ein Ideenmanagement kann auch Anlässe bieten, direkt Kontakt mit der – vor allem örtlichen – Presse aufzunehmen. Voraussetzung: Das Thema muss von öffentlichem Interesse sein. Beispiele: Der Inhalt eines Verbesserungsvorschlags bezieht sich auf die Kundenkommunikation oder das Sponsoring einer benachbarten Schule

o. Ä. Die Presseinformation erfordert einen erkennbaren Anlass, einen Neuigkeitswert, der für den Leser attraktiv ist.

Ein weiterer Vorteil: Je häufiger in unterschiedlichsten Medien über das Thema Ideenmanagement berichtet wird, umso mehr Menschen erfahren davon und werden angeregt, auch in ihren Organisationen und im Non-Profit-Bereich mit den Vorschlägen aller Beteiligten zu arbeiten, zum Beispiel in Schulen.

Beispiele für Themen, die von den Medien gerne aufgegriffen werden: **Themen-Beispiele**

- Kooperation mit örtlichen Schulen und Vereinen (örtliche bzw. regionale Medien)
- Verbesserung der Kundenfreundlichkeit
- Durchführung von Veranstaltungen, die für die Öffentlichkeit zugänglich sind
- Entwicklung neuer Dienstleistungen, die von allgemeinem Interesse sind
- Verbesserung der Sicherheit oder des Umweltschutzes, die von allgemeinem Interesse sind
- Daten und Zahlen von allgemeinem Interesse

Journalisten und Redakteure werden täglich mit einer Flut von Informations-Angeboten überschwemmt. Damit Ihre Meldung in der Menge nicht nur wahrgenommen wird, sondern auch konkurrenzfähig ist, hier einige Tipps zum Aufbau Ihrer Pressemitteilung: **Tipps zum Aufbau**

- Stellen Sie das Wichtigste an den Anfang, dann kann die Reaktion den Text vom Schluss her auf die verwendbare Länge kürzen.
- Sorgen Sie für einen gut lesbaren, logisch aufgebauten Text.
- Finden Sie eine knackige Überschrift, die Interesse weckt.

Pressekonferenzen und Pressemappe

Wenn es besondere Verbesserungsvorschläge gibt, die von öffentlichem Interesse sind, können Sie dazu eine Pressekonferenz veranstalten. Allerdings muss das Thema schon sehr aus dem Rahmen fallen, damit das Interesse der Pressevertreter geweckt wird. Das kann der Fall sein, wenn die Verbesserungsidee zum Beispiel nicht nur für den wirtschaftlichen Erfolg des Unternehmens interessant ist, sondern auch für den Endverbraucher (Beispiel: ein Modul für einen Rollstuhl, das dem Behinderten sicheres, eigenständiges Lenken erleichtert). Ihre PR-Abteilung kann auf Anfrage aktuelle Pressemappen zusammenstellen, die gezielt über Ihr Ideenmanagement informieren. Die Pressemappe kann zum Beispiel einen Flyer zum Ideenmanagement und Artikel zu aktuellen Aktivitäten enthalten und Kontaktdaten der Ansprechpartner.

Internetauftritt

Auf der Homepage Ihres Unternehmens sollte es einen Link zum Thema „Ideenmanagement" geben. Eine solche Firmen-Homepage kann von der PR-Abteilung betreut werden, die eng mit den entsprechenden Arbeitsgruppen (zum Beispiel der Gruppe „Newsletter") zusammenarbeitet.

Jahresbericht

Ergebnisse vorstellen

Im Jahresbericht zieht Ihr Unternehmen Bilanz – die Ergebnisse werden der internen und externen Öffentlichkeit vorgestellt: Der Jahresbericht ist ein wichtiges PR-Instrument. Deshalb darf auch eine Bilanz der Erfolge Ihres Ideenmanagements nicht fehlen: Haben Sie alles erreicht und erledigt, was Sie sich vorgenommen haben? Sprechen Sie hier auch an, welche Projekte noch weiter verfolgt werden sollen.

Kundenzeitschrift

Gibt es in Ihrem Unternehmen, in Ihrer Organisation eine Kundenzeitschrift? Dann sollte das Thema Ideenmanagement hier kontinuierlich präsent sein. Es gilt derselbe Tipp wie für die Mitarbeiterzeitschrift: Reagieren Sie nicht erst auf Anfrage der Redaktion, sondern arbeiten Sie proaktiv: Erstellen Sie einen längerfristigen Plan, damit Sie auf einen größeren Ideenpool zurückgreifen können. Versetzen Sie sich in die Leser: Was könnten Leser spannend finden, was könnte sie interessieren? Ist ein Foto von der Übergabe einer Prämie wirklich informativ oder anregend? Oder wäre es vielleicht spannender, über die Initialzündung zu schreiben, die zur guten Idee geführt hat? („Immer wieder ärgerte sich Horst K. über … Das muss doch auch anders funktionieren!")

Selbstverständlich muss der Auftritt des Ideenmanagements in Ihrer Kundenzeitschrift dem verabredeten Ideenmanagement-Design folgen, um auch hier die Wiedererkennbarkeit zu sichern.

Die Zielgruppe(n)

So simpel es klingt, so schwer ist es oft umsetzen: Achten Sie auf eine zielgruppengerechte Ansprache! Wenn Sie Aktionen zu bestimmten Themen durchführen, nutzen Sie diese Aktionen nicht nur dazu, Verbesserungsvorschläge zu bestimmten Themen anzuregen und zu sammeln. Sie können immer auch Anlass für einen stärkeren Austausch zwischen den Zielgruppen sein. Eine Möglichkeit: Fragebögen für einzelne Abteilungen, in denen die Mitarbeiter (anonym) alles loswerden können, was sie an den Kollegen ärgert, weil es ihre Arbeit unnötig erschwert.

Zielgruppengerechte Ansprache

Sponsoring

Sponsoring kann auf zweierlei Arten genutzt werden: Einerseits, um geeignete Projekte und Maßnahmen, die mit Ihrer Unternehmensvision übereinstimmen, zu stärken. Andererseits kann die Wirkung von Sponsoring sinnvoller und nachhaltiger sein als manche Werbekampagne.

Unterstützen Sie bevorzugt Aktivitäten, die entweder direkt mit Ideenfindung im Zusammenhang stehen, oder solche, die auf Vorschläge Ihrer Mitarbeiter zurückgehen. Sponsoring bedeutet oft langfristiges Engagement. Prüfen Sie daher eingehend, mit welchem Sponsoring-Empfänger Sie arbeiten wollen. Das sind die Fragen, an denen Sie sich orientieren können:

- Unterstützen Sie Maßnahmen, bei denen es um einen guten Zweck oder ein gemeinnütziges Projekt geht, zum Beispiel in den Bereichen Sport, Kunst und Kultur, Soziales, Umwelt oder Wissenschaft, wenn ein Zusammenhang zu Beteiligung der Mitglieder erkennbar wird.
- Suchen Sie einen Sponsoring-Empfänger aus, dessen Image zu Ihrem Unternehmen passt oder von dessen Image Sie sich positive Auswirkungen auf Ihr eigenes versprechen.
- Verlangen Sie, dass der Gesponserte Ihre Unterstützung und damit auch Ihre Idee der demokratischen Beteiligung kommuniziert, zum Beispiel auf seiner Homepage, auf Plakaten oder mit Fahrzeugaufschriften. Natürlich weisen Sie auch selbst auf Ihre Sponsorenschaft hin.
- Halten Sie Leistungen und Nutzungsrechte in einem Sponsorenvertrag präzise fest.

Stellenanzeige

Stellenanzeigen werden von den meisten Unternehmen dafür genutzt, Eigenwerbung zu platzieren. Nutzen Sie Stellenanzeigen auch, um Interesse für Ihr Ideenmanagement zu wecken. Schließlich wollen Sie, dass auch ein neuer Mitarbeiter gerne mitmacht. Das Ideenmanagement prägt ganz entscheidend Ihre Unternehmenskultur – das sollten Interessenten wissen. Ein gutes Ideenmanagement macht Ihr Unternehmen attraktiv. In jeder Stellenanzeige – gedruckt oder online – kann es einen entsprechenden Hinweis auf weiterführende Informationen auf Ihrer Homepage geben.

Social Networks

Webbasierte Netzwerke, in denen die Nutzer Informationen über sich und ihr Unternehmen kommunizieren können, haben einen entscheidenden Vorteil: Sie bieten die Möglichkeit, gezielt in direkten Kontakt zu einer bestimmten Zielgruppe zu treten. Eine Beteiligung kann spannend sein, wenn Sie neue Trends, Ideen und Interessen kennenlernen oder einfach nur offenbleiben wollen für mögliche Entwicklungen in der Zukunft.

Austausch mit der Zielgruppe

Twitter ist so etwas wie ein öffentliches Tagebuch. Die kurzen Einträge sind auf 140 Zeichen beschränkt. Spannend an Twitter ist die Aktualität. Wägen Sie ab, ob dieser Bereich sich für ein Engagement Ihres Unternehmens eignet. Gerade wegen der Aktualität erfordert ein Medium wie Twitter eine sehr intensive, kontinuierliche, zeitnahe Pflege. Prüfen Sie, ob die Ressourcen für den Einsatz im Verhältnis zum Nutzen stehen. Wenn Sie sich aktuell gegen eine Beteiligung entscheiden, prüfen Sie regelmäßig die Entwicklung und entscheiden Sie eventuell neu. Dasselbe gilt für eine Beteiligung an Netzwerken wie StudiVZ, facebook oder XING.

Social Networks können auch für die Ideenfindung interessant sein. Sie erfahren etwas über das Wettbewerbsumfeld, können unerwartete Themen entdecken, Hintergründe verstehen, Erfahrungsberichte suchen, Kritikpunkte analysieren und Meinungsbildner identifizieren. Es kann sinnvoll sein, eine hausinterne Regelung zu den Zielen und dem Umgang mit diesen Foren zu treffen.

Nützlich bei Ideenfindung

5. Ideenmanagement in der Praxis

Dass eine gute Unternehmenskultur und die volle Unterstützung der Unternehmensleitung die entscheidenden Faktoren für das Gelingen des Ideenmanagements sind, wurde bereits angesprochen. Stimmt das Betriebsklima und wird der Wandel von allen Verantwortlichen gewollt und gelebt, dann werden die Maßnahmen zur Unterstützung der Kreativität Ihnen reiche Ernte liefern. Dann werden Sie die Vorteile, die zum Beispiel eine gemeinsame Veranstaltung für alle Mitarbeiter als Start für die Veränderung bietet, nutzen und die hier vorgestellten Methoden in Ihrer Organisation voll zur Wirkung bringen können.

Für alle Organisationen geeignet

Sinnvoll ist die Einbeziehung von Mitarbeiterideen für alle Einrichtungen und Organisationsformen: Unternehmen oder Behörde, egal ob groß oder klein, Universität, Schule oder Non-Profit-Organisation – in jedem Fall gilt: Basis ist eine entsprechende Grundhaltung der Führung. Darauf aufbauend muss eine Gesamtstrategie die sinnvolle Abstimmung und Verknüpfung der einzelnen Elemente sowie das richtige Timing für Vorbereitung, Realisierung und Begleitung nach der Einführung sichern.

Das Ideenmanagement-Haus

Ein hilfreiches Modell

Stellen wir uns den Einführungsprozess als ein Gebäude mit mehreren Etagen vor. Jedes Stockwerk steht für spezielle Leistungen, die Sie für Ihren Gesamtprozess zwingend benötigen. Das Modell ist übrigens auch dann hilfreich, wenn Sie ein schon eingeführtes Ideenmanagement-System prüfend betrachten wollen, denn Sie können sich orientieren und ableiten, welches Know-how in Ihrer

Organisation bereits vorhanden ist oder noch geschaffen werden muss.

Jedes Haus braucht eine solide Basis, so auch das Ideenmanage- **Die Basis** ment-Haus. Die Grundlage, auf der unser Gebäude errichtet wurde, ist die Unterstützung durch das Top-Management, also die Leitung des Unternehmens bzw. der Organisation: Dieses uneingeschränkte Ja muss selbstverständlich in vollem Bewusstsein ausgesprochen werden, das heißt, die Beteiligten müssen sich darüber im Klaren sein, worum es geht und welche Konsequenzen damit verbunden sind. Leider gehört es zur Realität, dass Unternehmen Maßnahmen beschließen – sei es zum Thema Ideenmanagement, sei es zur Verbesserung der internen Kommunikation – ohne konkret zu wissen, was auf das Unternehmen zukommt. So gibt es einen Fall, in dem zunächst in einem langwierigen, scheinbar sehr gewissenhaften, Auswahlprozess ein KVP-Koordinator gesucht wurde, weil (grob vereinfacht) eine Unternehmensberatung geäußert hatte, dass KVP gut sei.

Dem eingestellten KVP-Koordinator wurden dann jedoch von Beginn an Steine in den Weg gelegt. Schon bald stellte sich nämlich heraus: Die Unternehmensleitung hatte gar nicht so recht gewusst, dass KVP kein das Image förderndes Aushängeschild ist, sondern sehr konkrete Anforderungen an alle Beteiligten stellt. Bedauerlich für das Unternehmen wegen der vertanen Chancen, bedauerlich auch für die Mitarbeiter, deren Erwartungen einmal mehr enttäuscht wurden, und nicht zuletzt sehr bedauerlich für den neu eingestellten KVP-Koordinator, der eine sichere Position aufgegeben hatte für die verheißungsvolle neue Stelle, die sich allzu rasch als kurzes Intermezzo in seiner Arbeitsbiografie herausstellte!

Bedenken Sie: Sollten sich in Ihrem (Unternehmens-)Keller Altlasten befinden – Misstrauen, Mobbing und andere Missstände –, müssen Sie im ersten Schritt über eine Sanierung nachdenken.

Das Erdgeschoss Das Erdgeschoss enthält alle Fähigkeiten, alle Kompetenzen, die ein Ideenmanager idealerweise mitbringt oder entwickeln kann, damit er die Anforderungen erfüllt: Er muss fähig sein, das Ideenmanagement-System zu planen, vorzubereiten, einzuführen und im Anschluss lebendig weiterzuentwickeln.

Das Ideenmanagement-Haus

Wahrnehmung schärfen, Handlungsfähigkeit ausbauen (alle Mitarbeiter)

Fähigkeiten und Kompetenzen des Ideenmanagers fördern

JA Unterstützung der Unternehmensleitung

© Renate Söffing

Mit der ersten Etage folgt das Stockwerk, in der der Ideenmanager mit voller Unterstützung der Unternehmensleitung – anders wäre es nicht möglich – alle Beteiligten fit dafür macht, dass sie ihre Potenziale ausschöpfen können. Beratung und Coaching werden hier ebenso angeboten wie Seminare und Workshops. Auf diese Weise werden nicht nur sämtliche Facetten einer guten Kommunikation bewusst gemacht und trainiert, sondern ebenfalls alles, was zum Thema Soft Skills gehört. Wer will und geeignet ist, für den werden aufbauend Train-the-Trainer-Module angeboten.

Die 1. Etage

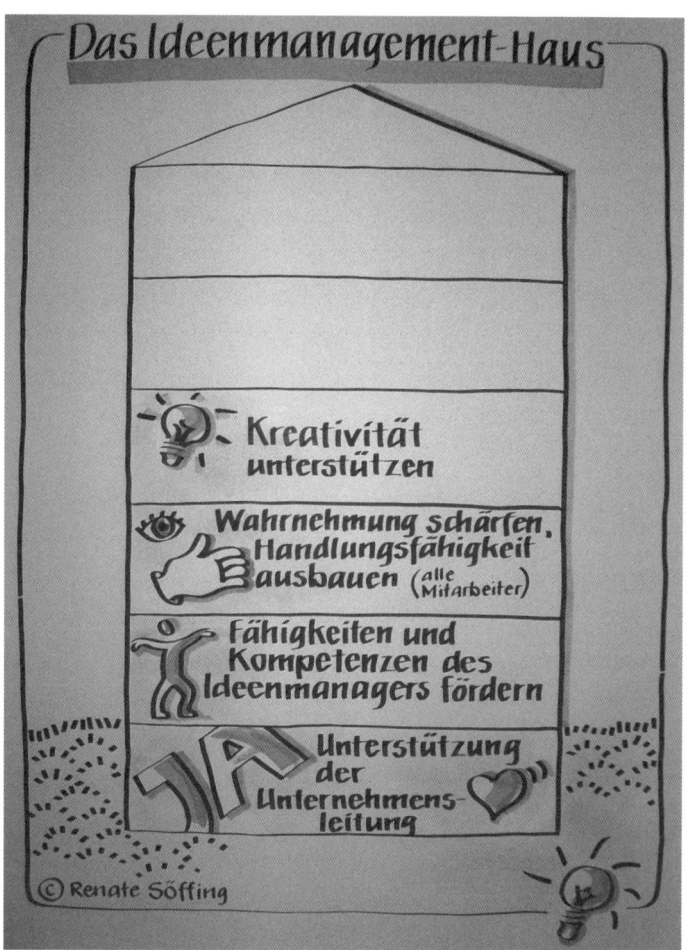

Die 2. Etage Die zweite Etage steht für die gesamte Bandbreite von Problemlösungsstrategien und Kreativitätstechniken. Nachdem alle am Ideenmanagement Beteiligten durch das erste Stockwerk fit sind in sozialen Kompetenzen und speziell im Thema Kommunikation (vier Seiten einer Botschaft, Argumentieren, Konfliktlösung usw.), verfügen sie gleichzeitig über die richtige Grundlage, um die neuen Techniken – Problemlösungsstrategien und Kreativitätstechniken – anzuwenden, die ihrerseits eine solide Basis für die nächste Ebene schaffen.

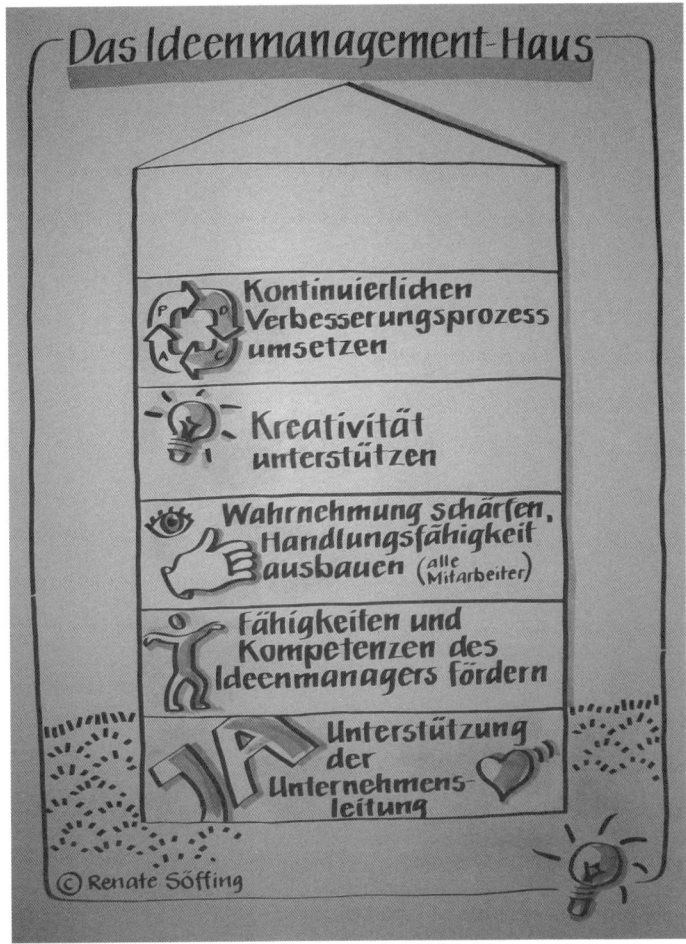

Das Ideenmanagement-Haus

Kontinuierlichen Verbesserungsprozess umsetzen

Kreativität unterstützen

Wahrnehmung schärfen, Handlungsfähigkeit ausbauen (alle Mitarbeiter)

Fähigkeiten und Kompetenzen des Ideenmanagers fördern

Unterstützung der Unternehmens-leitung

© Renate Söffing

In der dritten Etage lernen die Beteiligten den Kontinuierlichen Verbesserungsprozess (KVP) kennen und anwenden. Die in den darunter liegenden Stockwerken erlernten Fähigkeiten entfalten die volle Wirksamkeit des KVP-Prozesses: Die Problemwahrnehmung ist nicht nur deutlich geschärft, die Beteiligten sind auch in der Lage, darüber zu kommunizieren. Geeignete Lösungstechniken sind bekannt und können sicher und zielgerichtet eingesetzt werden.

Die 3. Etage

Die 4. Etage Alle bisher durchlaufenen Etagen haben dazu beigetragen, nicht nur den Sinn lebenslangen Lernens zu verinnerlichen, sondern auch sehr praktisch zu erfahren, dass Lernen Spaß machen und Lust auf mehr auslösen kann.

Ganz nebenbei – das heißt: so gut wie anstrengungslos – haben wir das Dachgeschoss erreicht. Alle Beteiligten haben etwas für ihre Employability, das heißt für ihre Beschäftigungsfähigkeit, getan: Da unternehmerisches Denken und eigenverantwortliches Handeln kontinuierlich gewachsen sind, ist auch die Beschäftigungsfähigkeit jedes Einzelnen stetig gestärkt worden. Und die Attraktivität des Unternehmens als bevorzugter Arbeitgeber. Wer das Dachgeschoss erreicht hat, weiß: Dies ist ein Ort, an dem das

Das Dachgeschoss

**Die Elemente
im Überblick** Arbeiten Spaß macht, weil gute Ergebnisse gelingen. Nicht nur, weil das Unternehmen dazu beiträgt, sondern auch, weil jeder Arbeitnehmer gelernt hat, wie er sich selbst motivieren kann.

Die Stärkung der Employability sollte in Zeiten raschen wirtschaftlichen Wandels unbedingt zu den Aufgaben eines Unternehmens gehören. Sie ist immaterieller Teil der Vergütung. Ein Mehrwert für jeden Arbeitnehmer, der auf Veränderungen – die heute jedes

Unternehmen und jeden Arbeitnehmer treffen können – vorbereitet und gleichzeitig der Loyalität gegenüber dem Unternehmen einen überzeugenden Grund liefert.

Die Schulung von Kreativitätstechniken allein reicht nicht aus, um
das Ideenmanagment erfolgreich zu machen. Ideenmanagement
muss verstanden werden und gewollt sein (Kellergeschoss des Ideenmanagement-Hauses) und alle Beteiligten müssen über Selbstkompetenz und über soziale Kompetenzen verfügen (Erdgeschoss
und 1. Etage des Ideenmanagement-Hauses). Erst auf dieser
Grundlage wird der Einsatz von Kreativitätstechniken von Erfolg
gekrönt sein. Durch diese Basis erhält auch die Unternehmenskultur eine neue Qualität.

Wertschätzung neuer Gedanken und die Achtung des Experimen-
tierens – das beinhaltet auch, den Wert von Fehlern im Sinne not-
wendiger Stationen auf dem Weg der Ideensuche erkennen zu
können. Außerdem brauchen Sie:

Wichtige Bausteine

- eine klare Zielformulierung
- ein geeignetes Umfeld
- Zeit für das Sammeln und Entwickeln von Ideen
- Kriterien für Auswahl und Entscheidung
- Ressourcen und Zeit für die Umsetzung

Geeignete Rahmenbedingungen für Kreativität sind geschaffen,
wenn die Basis, das Erdgeschoss und die erste Etage des Ideenmanagement-Hauses solide gebaut und eingerichtet sind.

Kreativitätstechniken liefern
die Beweglichkeit

Um sich im Ideenmanagement-Haus frei bewegen zu können,
muss unser Denken beweglich sein. Der Niederländer Jeff B. R.
Gaspersz, Professor für Innovation und Kreativität an der Univer-

Jeff B. R. Gaspersz sität Nyenrode, schreibt zum Thema Kreativitätstechniken in *Concurreren met creativiteit. De kern van innovatiemanagement.* Amsterdam 2002, Seite 62 f.:

Das Erlernen von Kreativitätstechniken ist eine Möglichkeit, das Denken beweglicher zu machen und so die Fertigkeit des kreativen Denkens zu erwerben. Das Problem mit Kreativitätstechniken ist, dass es sich um eine Art Denk-Werkzeuge handelt, die erfahrungsgemäß nur wenige Menschen ständig bei sich tragen. Sie sind in Büchern beschrieben und werden von Kreativitätstrainern angewendet. In all den Jahren, in denen ich mit Managern und Fachleuten gearbeitet habe, bin ich jedoch so gut wie niemandem begegnet, der Kreativitätstechniken aktiv während der Arbeit einsetzte. Oft reichen Kenntnis und Beherrschung von Kreativitätstechniken nicht weiter als bis zu einem einfachen Brainstorming. Und doch bezeichneten viele der Manager sich als kreativ. Wahrscheinlich ganz zu Recht, denn wir brauchen nicht unbedingt Kreativitätstechniken, um kreativ zu sein. Was wir aber sehr wohl benötigen, ist eine Beweglichkeit des Denkens, um in der einen Situation vollkommen logisch-analytisch zu denken und in einem anderen Fall richtig kreativ zu denken. Diese Beweglichkeit kann erlernt werden.

Dreidimensionales Denken In seinem Buch ruft Jeff Gaspersz zum dreidimensionalen Denken auf. Gemeint ist damit, die Beweglichkeit des Denkens in drei Richtungen auszubauen:

- Verbreiten des Denkens
- Vertiefen des Denkens und
- Verschieben des Denkens

In diesem Sinne will auch die zweite Etage des Ideenmanagement-Hauses verstanden werden – hier wird die Beweglichkeit des Denkens erlernt und trainiert.

Oft wird die Beschäftigung mit Kreativitätstechniken mit dem Trainieren eines Muskels verglichen. Ein schöner Vergleich. Aber bedenken Sie, dass ein gesunder Körper nicht nur Krafttraining braucht. Die richtige Mischung aus Ausdauertraining, Krafttraining, Koordinationstraining und gesunder Ernährung ist wichtig. Deshalb besteht das Ideenmanagement-Haus auch aus mehr als einer Etage.

Da es sehr viele, darunter auch spannende und hilfreiche Bücher zum Thema Kreativität gibt, soll hier nicht wiederholt werden, was an anderen Orten ausführlich beschrieben ist. Hier werden lediglich exemplarisch drei der Methoden vorgestellt, die in unserem Fallbeispiel, der Xenophil Bauteile GmbH, während der Auftakt-Veranstaltung als Vorbereitung auf das World Café zum Einsatz kamen, nämlich die 6-3-5-Methode (eine Variante des Brainwritings), die Kopfstand-Methode und die sechs Denkhüte. Anschließend erfahren Sie, was sich hinter der schon öfter erwähnten Methode des World Cafés verbirgt.

Drei Methoden

Drei Kreativitätstechniken für die Arbeit mit kleinen Gruppen

Die 6-3-5-Methode

Der Name der Methode ist schnell erklärt: Professor Bernd Rohrbach, der sie entwickelt hat, orientierte sich bei dieser Variante des Brainwritings an sechs Personen, die drei neue Ideen innerhalb von fünf Minuten auf einem DIN-A4-Blatt notieren.

Viele Ideen in kurzer Zeit

Anschließend wird das Blatt weitergereicht und es werden zu den bereits vorhandenen Ideen drei Anmerkungen notiert. So wird weiter verfahren, bis das Blatt gefüllt ist. Auf diese Weise können innerhalb von 30 Minuten 108 Ideen entstehen.

Einfache Aufga-
benstellung

Die Methode funktioniert auch mit Gruppen von fünf oder sieben Personen. Wichtig: Die Aufgabenstellung muss einfach sein. Und sie sollte klar formuliert werden, sodass alle auf Anhieb verstehen, worum es geht. Für komplexe Probleme gibt es übrigens geeignete andere Techniken. Die Praxis zeigt, dass es sinnvoll ist, die Teilnehmer darauf hinzuweisen, dass die ersten drei notierten Vorschläge weiterentwickelt werden sollten, aber auch neue Ideen hinzukommen können, jedoch keine vorhandenen Ideen wiederholt werden dürfen. Außerdem stellt sich beim dritten oder vierten Durchgang

oft eine Blockade ein, das Gefühl: „Jetzt fällt mir nichts mehr ein."
Das ist normal, halten Sie trotzdem durch und machen Sie weiter.
Oft stellen sich gerade jetzt die besten Ideen ein!

Die Kopfstand-Methode

Die Kopfstand-Methode kehrt die Denkrichtung ins Gegenteil
um. Sie ist nicht nur wirkungsvoll, sondern macht auch Spaß. Gut
geeignet ist sie vor allem für das Finden von Argumenten bei einer
klaren, eindeutigen Fragestellung. Einzelarbeit ist ebenso möglich
wie die Anwendung in der Gruppe – mit mehreren macht die Methode allerdings entschieden mehr Spaß.

Denkrichtung umkehren

Die Xenophil Bauteile GmbH hat die Kopfstand-Methode eingesetzt, um Ideen zum Kantinenessen zu sammeln. Das eigentliche
Ziel war, Kollegen und Mitarbeiter zu einem gesünderen Essverhal-
ten zu bewegen. In der Umkehrung wurde aus dieser Fragestellung:

„Wie könnte man unter allen Umständen verhindern, dass die
Mitarbeiter sich gesund ernähren?"

Schritt 1: Fragestellung	Statt „Wie erreichen wir, dass wir gesünder essen?" fragen wir: „Wie erreichen wir, dass alle ungesünder essen?"
Schritt 2: Ideensammlung	■ Es wird gar kein gesundes Essen mehr angeboten. ■ Es gibt Prämien für Ungesund-Esser. ■ Ungesundes Essen steht in greifbarer Nähe – das gesunde ist schwer zu erreichen (steht ganz unten oder ganz weit weg). ■ Magenbeschwerden als Folge schlechter Ernährung werden belohnt. ■ Ungesundes Essen schmeckt besser und ist attraktiver angerichtet. ■ Der (leckere) Duft des Ungesunden erfüllt die Kantine.

	▪ Wir sorgen dafür, dass niemand über ungesundes Essen nachdenkt/informiert wird, damit niemand ein schlechtes Gewissen hat.
Schritt 3: Ideen- verwandlung	▪ Prämien für Gesund-Esser ▪ Gesundes Essen steht in greifbarer Nähe – das ungesunde ist schwer zu erreichen. ▪ Fitness als Folge guter Ernährung wird belohnt. ▪ Das gesunde Essen schmeckt besser und ist attraktiver angerichtet. ▪ Kein Duft ungesunden Essens ist in der Kantine wahrnehmbar. ▪ Wir sorgen dafür, dass jeder, der sich gesund ernährt, ein gutes Gefühl hat. ▪ Wir sorgen dafür, dass Informationen ein gutes Gewissen bezüglich des Essverhaltens bewirken.

Die Methode hat zwei Vorteile: Zunächst können sich alle Beteiligten mit den absurdesten Vorschlägen austoben. Im zweiten Schritt rücken sehr gezielt die positiven Aspekte der Problemstellung in den Vordergrund. Erfahrungsgemäß nennen die Teilnehmer in diesem Prozess auch scheinbar banale, selbstverständliche oder als zu simpel betrachtete Aspekte, die sonst leicht unter den Tisch fallen. Eine sehr unterhaltsame Methode für das Training eines Perspektivwechsels.

Die sechs Denkhüte

Jenseits von eingefahrenem Denken

Diese Hüte sollten unbedingt zur Werkskleidung gehören! Die Methode der sechs Denkhüte wurde von Edward De Bono entwickelt (* 1933 auf Malta), einem britischen Mediziner und Autor, der als einer der führenden Impulsgeber für kreatives Denken gilt. Er hat zahlreiche Techniken entwickelt, die eine Lösung aus eingefahrenen Denkbahnen erleichtern.

Die Ausgangsidee: Lösungen können leichter erzielt werden, wenn das Problem aus unterschiedlichen (Denk-)Richtungen betrachtet wird. Die Methode der sechs Denkhüte eignet sich hervorragend für den Einsatz in Gruppen. Wird das Denken in sechs Hüten zur Gewohnheit, zeigt sich, dass auch Einzelpersonen es immer wieder gerne und erfolgreich für Problemlösungen einsetzen.

Als positive Wirkung beim Einsatz in Gruppen ist vor allem dies zu nennen: Da bei der Bearbeitung einer Aufgabenstellung alle Beteiligten dieselbe Denkrichtung (Hutfarbe) einschlagen, wird das Denken quasi synchronisiert. Durch das gemeinsame Wechseln der Hüte – angeregt durch den Moderator – werden unterschiedliche Perspektiven gemeinsam eingenommen. Konflikte können auf diese Weise proaktiv gelöst werden. Durch den schwarzen Hut erfahren Kritiker die Wertschätzung, die ihnen üblicherweise nicht zuteil wird. Erfahrungsgemäß trägt die Methode auf spielerische Weise zur Verbesserung der Kommunikation innerhalb einer Gruppe bei.

Gemeinsames Wechseln der Hüte

Durchführung: Es stehen sechs symbolische Hüte zur Verfügung. Wenn es Ihnen zu albern ist, echte Hüte aufzusetzen, können Sie entweder Moderationskarten in den entsprechenden Farben verwenden oder jeweils ein Flipchartblatt mit der Darstellung des gewünschten Hutes zeigen. Jeder dieser Hüte steht für eine bestimmte Denkrichtung. Sie können nach Lust und Laune einen der Hüte aufsetzen und sich damit seine Einstellung zu eigen machen. Das Prinzip dieser Methode liegt darin, nacheinander verschiedene Standpunkte, Denkrichtungen bzw. Perspektiven einzunehmen und auszudrücken.

Sechs symbolische Hüte

Der Moderator trägt einen **blauen Hut**. Der blaue Hut wird zu Beginn und am Ende der Sitzung aufgesetzt. Er versammelt ordnendes, moderierendes Denken und steht für Kontrolle und Organisation. Der Träger dieses Hutes blickt von einer höheren Ebene – also einer Meta-Ebene – auf den Gesamtprozess, behält den Überblick und führt die einzelnen Ergebnisse zusammen.

Der **weiße Hut** steht für Objektivität und Neutralität. In dieser Denkhaltung ist analytisches Denken angesagt. Hier geht es um das Sammeln von Informationen zur Fragestellung. Die gesammelten Fakten und Zahlen brauchen nicht bewertet zu werden. Emotionen und Urteile sind in dieser Phase nicht erlaubt. Die persönliche Meinung spielt keine Rolle.

Emotionales Denken

Mit dem Aufsetzen des **roten Hutes** ist die Phase des emotionalen Denkens eröffnet. Rot steht für das persönliche Empfinden der Teilnehmer und ihre subjektive Meinung. Das gesamte Spektrum an Gefühlen, positiven ebenso wie negativen, ist hier zugelassen. Die Beiträge können und dürfen vage und diffus sein. Eine Rechtfertigung ist ebenso wenig gefragt wie bewertende, qualifizierende Kommentare.

Hier wird deutlich, dass diese Methode – zwangsläufig auftretende – unterschiedliche Reaktionen der Beteiligten zu kanalisieren vermag, Reaktionen, die ohne den stützenden Rahmen dieser Methode unmoderiert bleiben und den Diskussionsverlauf empfindlich stören können.

Lizenz zum kritischen Denken

Wer den **schwarzen Hut** trägt, hat die Lizenz zum kritischen Denken, ohne fürchten zu müssen, als Schwarzmaler abgestempelt zu werden. In dieser Denkphase werden alle Kontra-Argumente gesammelt: Zweifel, Bedenken, Risiken usw. Und die Beiträge dieser Kategorie werden sachlich formuliert. Das bedeutet, es geht hier nicht um (negative) Gefühle, sondern darum, alle denkbaren Aspekte, Möglichkeiten, Folgen zu erfassen und zu berücksichtigen.

Mit dem **gelben Hut** auf dem Kopf können sich die Teilnehmer dem optimistischen Denken hingeben, ohne befürchten zu müssen, in die Schublade des naiven Romantikers (ab)geschoben zu werden. In dieser Denkphase geht es um objektive, positive Eigenschaften, also um Chancen und Pluspunkte, Hoffnungen und Ziele. Es werden alle Pro-Aspekte gesammelt, die für das in der Aufgabenstellung formulierte Thema sprechen.

In der Phase des **grünen Hutes** ist spielerisches, assoziatives Denken erwünscht. Hier ist Raum für die Entstehung neuer Ideen. Der grüne Hut steht für Kreativität und Alternativen. Jetzt führt der Moderator die Teilnehmer an den Tellerrand, jetzt lässt er sie Barrieren überwinden, jetzt kann das Bisherige von der Gruppe überschritten werden. Provokation und Widerspruch sind erlaubt. Es darf alles formuliert werden, was zu neuen Ideen führt. Dabei gelten die klassischen Regeln des Brainstormings: keine Bewertung zu diesem Zeitpunkt. Gerade verrückte oder als undurchführbar erscheinende Ideen können später die Basis für machbare Neuerungen sein. Also: Verrücktes und aus dem Rahmen Fallendes – ja! Kritische Bemerkungen – nein!

Sie und Ihre Mitarbeiter werden diese Methode lieben. Sie vereint spielerisches Vorgehen mit einer klaren Struktur und öffnet das Denken für bereichernde Perspektivenvielfalt. Die Kommunikation in der Gruppe kann deshalb in einem sehr angenehmen Klima verlaufen, weil die Wertschätzung aller unterschiedlichen Ansichten durch die Methode vorgegeben ist und sich bei guter Moderation automatisch einstellt. Sogar „Killerphrasen" haben hier ihren Platz, und das, ohne den Autor als „Killer" diskriminieren zu müssen.

Spiel und klare Struktur

Anregung: Wollen Sie sicherstellen, dass Ihre Mitarbeiter ganz nebenbei immer wieder an den Wechsel der Blickrichtung erinnert werden, dann schaffen Sie eine sichtbare und begehbare Grundlage: Auf einer Terrasse oder Grünanlage im Pausen- oder Kantinenbereich oder auf dem Boden in einem Aufenthalts- bzw. Pausenbereich können Bodenplatten für die Denkhaltung der verschiedenen Hüte eingearbeitet werden.

Eine überzeugende Methode für die Arbeit mit großen Gruppen: das World Café

Lesen Sie, was in unserer Beispielfirma, der Xenophil Bauteile GmbH, Auslöser für die Durchführung eines World Cafés war – dabei erfahren Sie gleichzeitig, was die Methode ausmacht. Hier der Erfahrungsbericht des Ideenmanagers Tim über seine erste Begegnung mit dem World Café (siehe nächste Seite).

Beispiel Xenophil

„Mein erstes Mal war eine Zufallsbekanntschaft. Es war eine dieser üblichen Tagungen, zu der man aus Pflichtgefühl, aber mit wenig Vorfreude fährt. Man kennt das ja – dachte ich: endlose Vorträge, vom Blatt gelesen oder mit PowerPoint-‚Unterstützung' (textlastige, schwer lesbare Charts, die bekannte Clip-Art mit nervigen Spezialeffekten). Und tatsächlich begann es auch wie befürchtet, aber dann …

… nach der Mittagspause hatten die Stuhlreihen Tischen mit je fünf Stühlen Platz gemacht. Auf meiner Teilnehmerkarte hatte „World Café: Cappuccino" gestanden. Das hatte ich für einen Hinweis für die Pause gehalten, vielleicht ein Gutschein für ein Pausen-Getränk? Jetzt fand ich die Auflösung des Rätsels, es gab nämlich Tisch-Schilder, beschriftet mit Begriffen von Milchkaffee über Espresso bis Cappuccino. Eine Moderatorin erklärte uns den Ablauf: In den drei Tischreihen hatten die Teilnehmer Gelegenheit, sich jeweils über ein (anderes) Thema auszutauschen, das Bezug zum Konferenzthema hatte. Nach 20 Minuten gab es einen Wechsel: andere Tischreihe – anderes Thema. Nach weiteren 20 Minuten erneuter Wechsel und drittes Thema. Eine Person blieb als „Gastgeber" oder „Gastgeberin" an jedem Tisch sitzen. Er oder sie begrüßte die neuen „Gäste", führte kurz ins Thema bzw. das bisher Besprochene ein und lud dann zum Einstieg ins Gespräch ein – Fortsetzung oder Vertiefung –, je nach Lust und Laune oder Bedarf und Wunsch. Auf den Tischen Papiertischdecken, Stifte und Moderationskarten. Dazu die Einladung, auf die Tischdecken zu schreiben und zu zeichnen, um den Gesprächsverlauf zu dokumentieren. Kurz vor Ablauf der 20 Minuten schlug der Gastgeber der Nachmittagsveranstaltung mit sanftem Druck vor, unsere wichtigsten Statements oder Ergebnisse auf Moderationskarten zu notieren. Diese Karten wurden eingesammelt und fanden sich als Stichwort und/oder Zeichnung auf einem großen Wandbild wieder, an dem ein Visualisierer und eine Visualisiererin parallel zu den drei Diskussionsrunden an den Tischen arbeiteten. Es war grandios! Ich war überwältigt. Und ich war nicht alleine mit meiner Begeisterung, die anderen Teilnehmer waren ebenso beeindruckt.

Zusammenfassend kann ich sagen: Das World Café ist eine überzeugende Methode, ein sehr wirkungsvolles Verfahren für maximalen Austausch in großen Gruppen, das vor allem dann zur vollen Wirkung kommt, wenn die Veranstaltung durch professionelle Visualisierung unterstützt wird."

Entwickelt wurde die Methode in den Vereinigten Staaten von den Unternehmensberatern Juanita Brown und David Isaacs. Inzwischen wird sie weltweit eingesetzt, wenn es um den Dialog von Gruppen bis zu einer Größe von 2000 Teilnehmern geht, denn sie hat sich vielfach bewährt.

Grundannahme ist die Weisheit der Vielen, das bedeutet: Vertrauen in ein kollektives Wissen, auf das Menschen in geeigneter, nämlich entspannter Atmosphäre in einem konstruktiven Gespräch zurückgreifen können.

Gemeinsame Erfahrung motiviert

Für eine Auftaktveranstaltung im Rahmen der Einführung oder Erneuerung eines Ideenmanagements eignet sich die Methode des World Cafés hervorragend, weil hiermit möglichst viele Beteiligte aktiv einbezogen werden. Die gemeinsame Erfahrung lädt leicht zum Mitmachen ein und macht Lust, sich zu engagieren. Selbstentwicklung, Selbststeuerung und Selbstorganisation werden als machbar erfahren, der eigene Einsatz als lohnend erlebt. Neue Perspektiven, Denkweisen und Handlungsoptionen entwickeln sich spielerisch. Und diese neuen Perspektiven, Denkweisen und Handlungsoptionen schaffen die Basis für nachhaltigen Wandel – vorausgesetzt, es folgen wahrnehmbare Veränderungen.

Ein World Café will allerdings gut vorbereitet sein. Dafür empfiehlt sich der Einsatz eines Planungsteams, das sich aus Vertretern der Unternehmensleitung, Führungskräften und Mitarbeitervertretern zusammensetzt – idealerweise in einem der Zusammensetzung des Unternehmens entsprechenden Verhältnis.

Beachtliche Ergebnisse

Die Auftaktveranstaltung hat dem Unternehmen Xenophil Bauteile GmbH beachtliche Ergebnisse geliefert. Ein erstes und wichtiges Ergebnis war die Gründung von sieben Arbeitsgruppen, die sich zunächst gemeinsam trafen und grobe Zielvorstellungen formulierten, damit Überschneidungen vermieden und Synergie-Effekte genutzt werden konnten.

Nachdem die Arbeitsgruppen (siehe Kapitel 2) ihre vorläufigen Zielvorstellungen formuliert hatten, begannen sie unmittelbar mit der Arbeit. Dabei stellte sich heraus, dass drei Kategorien von Ideen entstanden waren:

Drei Ideengruppen

1. Einige Vorschläge mündeten in innerbetriebliche Initiativen.
2. Einige Vorschläge mündeten in private Initiativen, zum Beispiel Treffen außerhalb der Arbeitszeit und Organisation privater Unterstützung.
3. Einige Vorschläge mündeten in halb private und halb unternehmensunterstützte Initiativen. Besonders für viele Ideen, die der AG Work-Life-Balance zugeordnet wurden, traf das zu. Es entstand beispielsweise ein privates Netzwerk für die Freizeitgestaltung.

Als besonders lohnend für das Unternehmen stellte sich die Arbeitsgruppe Demografischer Wandel heraus. Auf Anregung der Mitarbeiter wurde eine professionelle Altersstruktur-Analyse durchgeführt, aus der verschiedene Handlungsfelder für das weitere Vorgehen abgeleitet und – auch in Zusammenarbeit mit den Arbeitsgruppen Gesundheit und Work-Life-Balance – umgesetzt wurden.

Schlussbemerkung

Leben in gesundem System Nur wenn das gesamte Ideenmanagement-Haus solide gebaut ist, werden Ihre Mitarbeiter und Kollegen kreativ und wird Ihr Ideenmanagement erfolgreich sein. Solide gebaut bedeutet: Die Verknüpfung der einzelnen Elemente muss stimmen. Auch hier gilt – wie schon bei den Werbemaßnahmen erwähnt – die aristotelische Weisheit, dass das Ganze mehr ist als die Summe seiner Teile. Denn: Jedes einzelne Element entfaltet seine volle Wirksamkeit erst, wenn es sinnvoll in das Ganze eingebettet ist. Anders ausgedrückt: Das Einzelne wird erst lebendig, wenn das System gesund ist. Das heißt auch: Ideenmanagement kann kein krankes System gesund machen, aber die bewusste und behutsame Einführung eines Ideenmanagements kann – wie am Beispiel der Xenophil Bauteile GmbH gezeigt – dazu dienen, den Gesundungsprozess auf den Weg zu bringen.

Ideenmanagement ist gewinnbringend für Unternehmen und Organisationen unterschiedlicher Größen. Voraussetzung für das Gelingen ist eine Unternehmenskultur, die gekennzeichnet ist durch offene, vertrauensvolle Kommunikation und Fehlerfreundlichkeit.

Die Einführung eines Ideenmanagements kann dazu genutzt werden, einen Wandel der Kommunikations- und Lernkultur einzuleiten und durch Einbeziehung aller Beteiligten zum Erfolg zu führen. Unternehmen können durch diesen Prozess zu lernenden Organisationen werden. Dies bedeutet auch, Mitarbeiter nachhaltig vom Sinn lebenslangen Lernens zu überzeugen und zugleich die Beschäftigungsfähigkeit der Belegschaft zu stärken.

Unternehmen entwickeln auf diese Weise ihre Attraktivität als Arbeitgeber und verbessern ihre Chancen sowohl bei der Bindung von Mitarbeitern als auch bei der Suche nach neuen Talenten.

Indem das Ideenmanagement nicht nur die Kommunikation aller Beteiligten untereinander verbessert, sondern auch den Umgang mit Techniken der Ideenfindung und Problemlösung trainiert, um die Beweglichkeit des Denkens zu stärken, wird die Arbeitszufriedenheit jedes einzelnen Beschäftigten ebenso verbessert wie die Qualität der Arbeitsergebnisse.

Der Anfang liegt immer beim einzelnen Menschen, der den Stein ins Rollen bringt, also bei Ihnen. Haben Sie den Mut, scheinbar sichere Pfade zu verlassen, auch unkonventionelle Ideen und Lösungen zu denken, auszuprobieren und – wenn auch manchmal gegen Widerstände – umzusetzen. Es lohnt sich. Sie sollten deshalb Ihre Ideen nicht nur zulassen, sondern sie freudig begrüßen.

Und nun zurück zur Kusstechnik. Eingangs wurde die Vermutung geäußert, der Erfolg könne abhängig sein von einer Verbesserung der Kusstechnik. Was ist das Geheimnis der Hohen Schule des Küssens? Begeben wir uns zur Beantwortung noch einmal in die Welt der Märchen: Die Prinzessin des Froschkönigs landet einen reinen Zufallstreffer, denn sie küsst gegen ihren Willen und gegen ihren Verstand. Anders der Prinz bei Dornröschen. Bei ihm ist Liebe im Spiel. Die hilft ihm, alle Widerstände zu überwinden. Und dass es sogar ohne Küssen klappt (wenn die Liebe da ist), wissen wir aus dem Märchen Schneewittchen.

KISS YOUR IDEAS!

Anhang

Fragen zum eigenen Welt- und Menschenbild

1. Erklären Sie kurz, was eine Organisation, ein Unternehmen ist! Mit welchem Bild können Sie Ihre Auffassung am besten deutlich machen?
2. Welches Prinzip oder welcher Vergleich erklärt Ihre Organisation, Ihr Unternehmen am besten?
3. Erklären Sie, wie Ihre Organisation, Ihr Unternehmen funktioniert!
4. Halten Sie Vorhersagen über die Zukunft für möglich?
5. Halten Sie in Bezug auf Ihr Unternehmen alles für planbar und machbar?
6. Ist eine Führungskraft nach Ihrer Einschätzung eher Macher oder eher Entwickler und Gestalter? Beschreiben Sie kurz die Tätigkeit der Führungskraft entsprechend Ihrer Einschätzung!
7. Was bedeuten für Sie Probleme bzw. Krisen?
8. Wie gehen Sie in Ihrem Unternehmen mit Fehlern um?
9. Wie geht man in Ihrem Unternehmen mit Menschen um, die Fehler machen?
10. Wie beschreiben Sie Kommunikation? Mit welchem Bild, mit welchem Modell können Sie Ihre Vorstellung am besten deutlich machen?

Schreiben Sie jeweils einen kurzen Text zu den einzelnen Punkten!

Jetzt entscheiden Sie bitte, welche der beiden vorgeschlagenen Antwortmöglichkeiten jeweils besser zu Ihrer Grundhaltung passt.

1. Erklären Sie kurz, was eine Organisation, ein Unternehmen ist! Mit welchem Bild können Sie Ihre Auffassung am besten deutlich machen?

A – Organisationen ähneln Maschinen, die aus zahlreichen Teilen bestehen.

B – Organisationen ähneln lebenden sozialen Systemen. Wie Organismen tauschen sie sich mit ihren Umwelten (z.b. Märkten) aus. Sie mobilisieren von sich aus Kräfte, um in dieser Welt zu überleben (vergleichbar den Selbstheilungskräften von Mensch und Natur). Die Bestandteile von Organismen sind ihrerseits meist wieder Systeme (Subsysteme).

2. Welches Prinzip oder welcher Vergleich erklärt Ihre Organisation, Ihr Unternehmen am besten?

A – Ursache-/Wirkungs-Prinzip

B – Vernetzung, Kreisläufe, wechselseitige Abhängigkeiten

3. Erklären Sie, wie Ihre Organisation, Ihr Unternehmen funktioniert!

A – Eine Organisation, ein Unternehmen ähnelt einer Maschine, die einzelnen Teile funktionieren linear nach Input-Output-Regeln. Eine Organisation, ein Unternehmen ist daher berechenbar, steuerbar und planbar.

B – Eine Organisation, ein Unternehmen ähnelt einem System. Jede Änderung an einem Teil des Systems bewirkt (über Kreisprozesse) automatisch eine Änderung des Gesamtsystems. Diese Komplexität ist nicht erfassbar. Es ist nicht möglich, sie zu planen. Eine Annäherung an diese Komplexität ist zu erreichen, wenn Beziehungen und Zusammenhänge zwischen den Teilen berücksichtigt werden.

4. Halten Sie Vorhersagen über die Zukunft für möglich?

A – Vorhersagen über die Zukunft sind möglich.

B – Die Zukunft kann nicht vorhergesagt werden. Es gibt aber Denkmöglichkeiten für eine zukünftige Entwicklung (Szenarien).

5. Halten Sie in Bezug auf Ihr Unternehmen alles für planbar und machbar?

A – Alles ist planbar und machbar.

B – Die Zukunft kann nicht vorhergesagt werden. Es gibt aber Denkmöglichkeiten für eine zukünftige Entwicklung (Szenarien).

6. Ist eine Führungskraft nach Ihrer Einschätzung eher Macher oder eher Entwickler und Gestalter? Beschreiben Sie kurz die Tätigkeit der Führungskraft entsprechend Ihrer Einschätzung!

A – Die Führungskraft ist ein Macher. Der Macher hat den Durchblick. Er weiß, was zu tun ist. Deshalb führt er per Anweisungen.

B – Die Führungskraft ist Entwickler und Gestalter des Systems und seiner Teile. Sie wirkt als Impulsgeber und Katalysator.

7. Was bedeuten für Sie Probleme bzw. Krisen?

A – Widersprüche, Konflikte und Fehler sind unerwünschte Störungen, die vermieden bzw. beseitigt werden müssen.

B – Störungen (Widersprüche, Konflikte und Fehler) sind willkommen, denn sie machen Veränderungspotenzial sichtbar und bieten damit Chancen für Entwicklung.

8. Wie gehen Sie in Ihrem Unternehmen mit Fehlern um?

A – Funktioniert eine Maschine oder ein System nicht erwartungsgemäß, wird das schadhafte Teil entweder repariert oder entfernt und ersetzt (Teile einer Maschine werden instand gesetzt, ersetzt oder ausgetauscht. Mitarbeiter werden ermahnt, trainiert oder entlassen und ersetzt).

B – Funktioniert ein Teil nicht erwartungsgemäß, ist das ein Symptom für den Zustand des Systems. Reparatur und/oder Austausch wirken sich auf sehr viele Teile des Systems aus. Der Gesamtzustand kann danach schlechter sein als zuvor. Es ist daher wichtig, das Gesamtsystem zu betrachten und bei jeder Veränderung immer auch deren Auswirkungen auf das System zu berücksichtigen.

9. Wie geht man in Ihrem Unternehmen mit Menschen um, die Fehler machen?

A – Suche nach Schuldigen. Es gibt Opfer und Täter. Kriterium für Entscheiden und Handeln: richtig oder falsch.

B – Es gibt keine Schuldigen und Unschuldigen, sondern nur Beteiligte an einer Situation. Jeder hat seinen Anteil an der Situation und daher auch Möglichkeiten, etwas zu verändern. Der Schuldige ist Symptomträger der Entwicklung des Gesamtsystems.

Kriterium für Entscheiden und Handeln: in einer Situation mehr oder weniger hilfreich.

10. Wie beschreiben Sie Kommunikation? Mit welchem Bild, mit welchem Modell können Sie Ihre Vorstellung am besten deutlich machen?

A – Kommunikation ist die Übertragung von Informationen von einem Sender zu einem Empfänger (Input-Output-Vorgang).

Läuft der Prozess gut, kommt die Information „richtig" an. Ansonsten liegt eine Störung vor. Sender oder Empfänger müssen lernen, richtig zu kommunizieren.

B – Kommunikation vollzieht sich zwischen Menschen, die „eigen-sinnig" sind und selbst bestimmen, was für sie sinnvoll ist. Dieser individuelle Sinn ist für die jeweilige Person immer richtig. Informationen entstehen erst durch die Sinngebung einer Person und sind von deren Sinngebung abhängig.

Informationen können daher nicht von einer Person zu einer anderen übertragen werden, ohne dabei den Sinn zu verändern. Sobald die Information ankommt, erhält sie vom Empfänger dessen Sinn, der für ihn wieder richtig ist. Die Information ändert sich. Kommunikation verläuft kreisförmig. Alle Beteiligten sind stets Akteure und Beobachter zugleich. Die an der Kommunikation beteiligten Personen, z.B. Führungskraft und Mitarbeiter, beeinflussen einander abwechselnd gegenseitig, indem sie sich aufeinander beziehen.

Anmerkung und ergänzende Frage

Falls Sie bei Frage 5 die Antwort A gewählt haben: Was machen Sie, wenn sich etwas Ungeplantes ereignet? Können Sie auf ungeplante Ereignisse angemessen reagieren? Sind Sie in der Lage, Chancen zu nutzen, mit denen Sie gar nicht gerechnet haben?

Übrigens: Je häufiger Sie sich für Antwort A entschieden haben, umso mehr nähert sich Ihr Denken dem alten mechanistischen Weltbild an.

Dieser Fragebogen wurde inspiriert durch: *Führen, Fördern, Coachen. E. Haberleitner,* E. Deistler, R. Ungvari. München 2008

Beispiel für eine Betriebsvereinbarung zum Ideenmanagement

Zwischen der Geschäftsführung und dem Betriebsrat
der Xenophil Bauteile GmbH, 40883 Ratingen
wird folgende Betriebsvereinbarung geschlossen:

Das Ideenmanagement (IDM) der Xenophil Bauteile GmbH unterstützt die Verwirklichung der Ziele und Grundsätze des Zentrums Ideenmanagement. Es kann nur erfolgreich arbeiten, wenn es von der Leistungsfähigkeit und Leistungsbereitschaft aller Mitarbeiter und Mitarbeiterinnen getragen wird. Deshalb ist der Beitrag jedes Einzelnen wichtig.

(Bei allen Bezeichnungen handelt es sich sowohl um männliche wie weibliche Beschäftigte).

§ 1 Gegenstand und Geltungsbereich
Mit dieser Betriebsvereinbarung (BV) werden Grundsätze und Verfahrensabläufe des Ideenmanagements der Xenophil Bauteile GmbH festgelegt. Diese Betriebsvereinbarung gilt für alle Beschäftigten der Xenophil Bauteile GmbH.

§ 2 Ziele
Das Ideenmanagement hat die Aufgabe, Ideen und Anregungen der Beschäftigten zur Verbesserung von Wirtschaftlichkeit und Wettbewerbsfähigkeit aufzugreifen, anzuerkennen und zu nutzen. Es bietet den Beschäftigten die Möglichkeit, sich freiwillig auch über die ihnen übertragenen Aufgaben hinaus aktiv an der Gestaltung des Betriebsgeschehens zu beteiligen. Es soll die kreativen Fähigkeiten der Beschäftigten fördern und sie zur konstruktiven Mitarbeit motivieren.

§ 3 Verbesserungsvorschlag
Definition
Ein Verbesserungsvorschlag (VV) ist eine schriftlich eingereichte oder mündlich vorgetragene Anregung oder Idee,

- die einen konkreten Lösungsweg aufzeigt und
- deren Verwirklichung eine Kostenersparnis, einen anderen wirtschaftlichen Nutzen, eine Verbesserung der Arbeitssicherheit, des betrieblichen Umweltschutzes, Gesundheitsschutzes und der Arbeitssituation oder einen sonstigen Nutzen für die Xenophil Bauteile GmbH erwarten lässt und
- die die zugewiesene Tätigkeit oder einen zugewiesenen Sonderauftrag übersteigt. Vorschläge aus dem eigenen Aufgabengebiet sind damit grundsätzlich zugelassen.

Ausschluss von Verbesserungsvorschlägen

Ein VV liegt nicht vor, wenn zu seiner Verwirklichung gesetzliche Bestimmungen geändert werden müssten. Ein Vorschlag wird nicht als VV im Rahmen des IDM behandelt, sondern als Arbeitnehmererfindung nach den Bestimmungen des Gesetzes über Arbeitnehmererfindungen, wenn die Anmeldung eines Patentes oder Gebrauchsmusters infrage kommt.

§ 4 Teilnahme
Teilnehmer

Alle Beschäftigten können VV einreichen.

Ausschluss

Der IDM-Beauftragte und die Mitglieder der paritätisch besetzten Kommission sind von der Teilnahme ausgeschlossen.

§ 5 Organisation des IDM
IDM-Beauftragter

Die Geschäftsführung ernennt einen IDM-Beauftragten. Er betreut das IDM, bearbeitet die Vorschläge und berät die beteiligten Personengruppen.

IDM-Kommission

Die Kommission entscheidet über Annahme oder Ablehnung und Prämierung von VV sowie über Einsprüche der Einreicher. Die Beschlüsse der Kommission werden mehrheitlich getroffen.

§ 6 Verfahrensgrundsätze
Einreichung, Gruppenvorschläge
Jeder Beschäftigte – auch mehrere als Einreichergruppe – kann einen VV einreichen.

§ 7 Behandlung des VV
Prüfung durch den IDM-Beauftragten
Der IDM-Beauftragte prüft, ob der Vorschlag als VV geeignet ist, und unterstützt den Einreicher ggf. bei der Formulierung oder Ausarbeitung des Vorschlags.

Begutachtung
Zuständig für die Begutachtung des VV ist grundsätzlich der Verantwortliche, dessen Verantwortungsbereich im Falle der Realisierung betroffen ist.

§ 8 Annahme eines VV
Grundsatz
Ein Vorschlag kann nur angenommen werden, wenn er für den vorgesehenen Anwendungsbereich neu ist. Das ist nicht der Fall, wenn

- ein inhaltsgleicher VV bereits früher (Eingangsstempel) eingereicht wurde und Priorität hat (2-Jahresfrist)
- die Fachseite nachweislich früher eine inhaltsgleiche Lösung für den vorgesehenen Anwendungsbereich erarbeitet hat und die Einführung beschlossen ist.

Ein Vorschlag kann auch angenommen werden, wenn er zwar anderweitig bekannt, jedoch für die vorgeschlagene Verwendung neu ist. Ein Vorschlag kann auch teilweise angenommen werden. Wird bei der Bearbeitung eines Vorschlags ein vom Inhalt abweichender Lösungsweg erkannt, dessen Entwicklung durch den VV erst ausgelöst wurde, so erfolgt eine Annahme des VV als Initial-VV mit einer entsprechend geringeren Prämierung.

§ 9 Einführung

Ein angenommener Vorschlag ist grundsätzlich einzuführen. Der Einreicher kann hierbei beteiligt werden. Die tatsächliche Einführung wird nach 12 Monaten von dem IDM-Beauftragten geprüft.

§ 10 Fristen

Die Bearbeitung eines Vorschlags soll innerhalb einer Frist von acht Wochen abgeschlossen sein. Stellungnahme und Fachgutachten sind grundsätzlich innerhalb einer Frist von zwei Wochen abzugeben. Sollte der Vorschlag nach 16 Wochen immer noch nicht abschließend behandelt worden sein, so gilt er als angenommen.

§ 11 Einspruchsverfahren
Einspruch

Ist der Einreicher mit der Entscheidung über seinen VV nicht einverstanden, kann er innerhalb einer Frist von zwei Wochen nach Zustellung des Bescheides einen schriftlichen Einspruch einlegen, der begründet sein muss. Über den Einspruch entscheidet die Kommission. Diese Entscheidung ist endgültig.

§ 12 Prämierung
Prämienentscheidung

Voraussetzung für die Prämierung ist die Einführung des Vorschlags. Über die Prämienhöhe entscheidet die Kommission.

Prämienberechnung

Die Prämierung für VV erfolgt aufgrund der Wertetabelle – ohne Berechnung des genauen Nutzens.

Zuerkannte Prämien und Anerkennungsprämien werden mit der nächsten Gehaltsabrechnung ausbezahlt und sind steuer- und sozialversicherungspflichtig.

§ 13 Salvatorische Klausel

Wenn einzelne Bestimmungen dieser Vereinbarung ganz oder teilweise unwirksam oder undurchführbar sind, ersetzen beide Parteien diese durch wirksame und durchführbare. Das Gleiche gilt, soweit diese Vereinbarung eine nicht vorhersehbare Lücke aufweist. Die Wirksamkeit der übrigen Bestimmungen wird hiervon nicht berührt.

§ 14 Schlussregelungen

Diese Betriebsvereinbarung tritt am 01.01.2010 in Kraft. Sie kann von jedem Vertragspartner mit einer Frist von drei Monaten zum Ende eines Kalenderjahres – frühestens zum 31.12.2010 – gekündigt werden. Nach der Kündigung wirken die Regelungen dieser BV ein Jahr nach. Die Parteien verpflichten sich, während dieses Zeitraums Gespräche mit dem Ziel einer unmittelbaren Anschlussregelung zu führen.

Ratingen, 30.09.2009

_____   _____

Geschäftsführung   Der Betriebsrat

Anlage 1
zur Betriebsvereinbarung „Ideenmanagement"

Abgrenzung des Aufgabenbereichs

			% der Prämie
1.	Konnte der Einreicher selbst über die sachliche Verwirklichung des Vorschlags entscheiden, ohne die Zustimmung einer Führungskraft oder einer anderen Stelle einzuholen?	ja zum Teil nein	0 10 20
2.	Lag ein dienstlicher Auftrag vor?	ja zum Teil nein	0 10 20
3.	War dem Einreicher Einsicht in die dem Vorschlag zugrunde liegenden Unterlagen möglich?	ja zum Teil nein	0 10 20
4.	Kann der Vorschlag als Sonderleistung betrachtet werden?	ja zum Teil nein	20 10 0
5.	Ist der Vorschlag einführungsreif ausgearbeitet?	ja zum Teil nein	20 10 0
		Summe	

Der Korrekturfaktor ist die Summe der erreichten Prozente.

Anlage 2
Wertetabelle zur Betriebsvereinbarung „Ideenmanagement"

Prämienermittlung für die VV

Nutzen Bewer- tung	Verbesse- rung der Arbeits-/ Betriebs- sicherheit	Verbesse- rung von technischer und Service- qualität	Verbesse- rung der Arbeit am Arbeitsplatz und von Prozess- abläufen	Verbesse- rung des Umwelt- schutzes oder Images	Weitere Nutzen- kriterien*)	Summe
Kein Nutzen	☐ 0 €	☐ 0 €	☐ 0 €	☐ 0 €	☐ 0 €	€
Gering	☐ 50 €	☐ 50 €	☐ 50 €	☐ 50 €	☐ 50 €	€
Mittel	☐ 100 €	☐ 100 €	☐ 100 €	☐ 100 €	☐ 100 €	€
Hoch	☐ 150 €	☐ 150 €	☐ 150 €	☐ 150 €	☐ 150 €	€
Sehr hoch	☐ 200 €	☐ 200 €	☐ 200 €	☐ 200 €	☐ 200 €	€
					Summe Nutzen:	**€**

*) Der Entscheider kann ein weiteres Kriterium definieren.

ABC des Ideenmanagements

1 Altersstrukturanalyse (ASA)

Eine systematische Vorgehensweise zur Erfassung und Früherken-
nung künftiger Personalrisiken, die sich aus der Entwicklung der
betrieblichen Altersstruktur ergeben, ist für alle Unternehmen empfehlenswert. Aus der Analyse können Handlungsoptionen abgeleitet
werden, um proaktiv tätig zu werden. Beispiele für Handlungsfelder
sind Rekrutierungs- und Mitarbeiterstrategien, Wissensmanage-
ment (Erhalt von Know-how) oder – wie in diesem Buch angesprochen – die betriebliche Gesundheitsförderung. Eine Einbeziehung
der Mitarbeiter in die Entwicklung vorbeugender Maßnahmen
stärkt das Vertrauen und nutzt vorhandenes Potenzial.

2 Arbeitsaufgabe/Arbeitsbereich

Zur Arbeitsaufgabe des Einreichers gehören alle Leistungen, die
ein Mitarbeiter aufgrund seines Arbeitsvertrages oder seiner Ein-
satzart zu erbringen hat bzw. zu denen er durch mündliche
Weisungen eines Vorgesetzten oder durch schriftliche Arbeitsan-
weisungen einer planenden Stelle angehalten wird. Die Aufgaben-
abgrenzung kann problematisch sein, wenn keine detaillierten
Aufgaben- oder Tätigkeitsbeschreibungen vorliegen. Verbesserungsvorschläge, deren Inhalt zum Beispiel teilweise zur Arbeitsaufgabe des Einreichers gehört, können deshalb nur mit einem
Korrekturfaktor prämiert werden (zu „Korrekturfaktor" siehe
Stichworte „Grundprämie" sowie „Modifikation der Grundprämie" und „Beispiel für eine Betriebsvereinbarung Ideenmanagement, Anlage 1").

Als Arbeitsbereich gilt in der Regel die örtliche Umgebung des Arbeitsplatzes, innerhalb der ein Einreicher laufend Informationen
aus dem Betriebsgeschehen aufnehmen kann, ohne sie aktiv zu suchen. Die Größe des Arbeitsbereichs ist von der Tätigkeit des Einreichers abhängig. Während er bei einem Facharbeiter nur die un-
mittelbare Umgebung in der Werkstatt umfasst, kann der
Arbeitsbereich eines Fertigungsplaners sich auf ganze Werksteile
erstrecken.

3 Arbeitssicherheit

Vorschläge zur Vermeidung von Schäden für Personen, Sachen oder Umwelt bzw. zur Verhinderung von Beeinträchtigungen der Gesundheit von Mitarbeitern oder Außenstehenden sind besonders erwünscht. Regeln für ihre Bewertung enthält die Betriebsvereinbarung. Arbeitssicherheitsvorschläge sollen besonders zügig geprüft und – wenn berechtigt – schnellstens eingeführt werden, damit der vom Einreicher erwartete Schaden vermieden werden kann. Sie werden häufig mit dem 1,5-fachen der eigentlichen Prämie ausgezeichnet.

4 Aufbewahrungsfristen

Sämtliche Dateien/Unterlagen, die bei der Bearbeitung eines Verbesserungsvorschlags anfallen, einschließlich der Niederschriften der Kommission, sind aus rechtlichen Gründen mindestens sechs Jahre aufzubewahren. Akten abgelehnter Verbesserungsvorschläge müssen mindestens so lange aufbewahrt werden, wie Prioritätsansprüche (Schutzfristen) bestehen.

5 Aufgaben des Ideenmanagers

Zu den Aufgaben der Ideenmanager gehören alle Geschäftsvorgänge rund um das Ideenmanagement – von der Unterstützung bei der Ideenfindung über die Einreichung bis zum Abschluss der Einreichungsvorgänge durch Umsetzung sowie die Archivierung erledigter Verbesserungsvorschläge und nicht zuletzt die Weiterentwicklung des Systems.

6 Auszahlung der Prämien

Sachprämien überreicht – abhängig vom eingesetzten Modell – der Ideenmanager oder der direkte Vorgesetzte. Dies geschieht häufig in Anwesenheit der Mitarbeiter in der Abteilung. Größere Prämien werden in angemessener Form durch das mittlere oder höhere Management übergeben. In der Regel werden zuerkannte Geldprämien mit der nächsten Gehaltsabrechnung überwiesen.

7 Balanced Scorecard

Das Konzept der Balanced Scorecard wurde 1992 von Robert S. Kaplan und David P. Norton eingeführt. Indem die Balanced

Scorecard Ergebnisse aus Messungen der Unternehmensaktivitäten dokumentiert, schafft sie ein ausgewogenes Kennzahlensystem, das einen Abgleich von Vision und Strategien ermöglicht. Sie unterstützt die Lern- und Entwicklungsfähigkeit einer Organisation und wird damit zu einem wichtigen Mittel für die Unternehmensplanung und -steuerung.

8 Begriffsbestimmungen

Um Streit zwischen den Partnern des Ideenmanagements (Einreicher, Gutachter, Ideenmanagement-Kommission, Betriebsrat und Geschäftsleitung) zu vermeiden, ist in der Betriebsvereinbarung mindestens festzulegen, was als Verbesserungsvorschlag gelten soll und wann eine prämienberechtigte Sonderleistung vorliegt.

9 Benchmark

Seit 1975 werden in Deutschland die Daten des Ideenmanagements gesammelt, ausgewertet, aufbereitet und veröffentlicht. Ansprechpartnerin: Christiane Kersting (www.zentrum-ideenmanagement.de).

10 Beschwerdemanagement

Durch Beschwerden teilt der Kunde mit, wo es beim Produkt oder bei der Dienstleistung „hakt". Gibt es bessere Hinweise auf Optimierungspotenzial? Kluge Unternehmen nutzen Kundenäußerungen für ein professionelles Beschwerdemanagement und ergreifen so auch die Chance für enge Kundenbindung. Mitarbeiter sollten bei der Lösungssuche einbezogen werden. Spezielle Aktionen im Ideenmanagement können einerseits das Bewusstsein der Mitarbeiter für dieses wichtige Thema stärken und andererseits den Ideenreichtum der Belegschaft für starke Lösungen nutzen.

11 Beteiligungsgrad

Der Beteiligungsgrad ist die Kennzahl, die zeigt, wie viele der Beschäftigten sich am Ideenmanagement beteiligen. Dabei wird jeder Einreicher nur einmal gezählt, egal ob er einen oder zehn Vorschläge einreicht. Hier geht es also um die Anzahl der Einreicher im Verhältnis zur Gesamtzahl der Mitarbeiter.

12 Betriebliches Vorschlagswesen (BVW)

Betriebliches Vorschlagswesen ist die Bezeichnung für den Vorläufer des modernen Ideenmanagements. Siehe auch Stichwort Ideenmanagement.

13 Betriebsrat

Der Betriebsrat hat nach § 87 Absatz 12, Satz 1 des Betriebsverfassungsgesetzes (BetrVG) das sogenannte Initiativrecht, ein Ideenmanagement einzuführen. Betriebsräte sind in der Kommission paritätisch vertreten. Es gibt Regelungen, bei denen der Betriebs-/Personalrat mitbestimmungspflichtig ist, und andere, bei denen das nicht der Fall ist.

14 Betriebsvereinbarung, Richtlinien

Eine Betriebsvereinbarung zum Ideenmanagement ist eine vertraglich festgelegte Regelung über die Grundsätze des Ideenmanagements im Unternehmen. Vertragspartner sind die Unternehmensleitung und der Betriebs-/Personalrat. Die Richtlinien enthalten klare Begriffsbestimmungen, deutliche Klärung und Abgrenzung der Kompetenzen, eine genaue Festlegung des Verfahrens, Bestimmung der Fristen für einzelne Vorgänge sowie Aussagen zu einem einheitlichen, gerechten Bewertungs- und Prämiensystem.

15 BVW-Beauftragter

(Veraltete) Bezeichnung für den Koordinator des Betrieblichen Vorschlagswesens. Der BVW-Beauftragte unterstützte die BVW-Kommission und war verantwortlich für die sachgemäße Bearbeitung der Verbesserungsvorschläge sowie für die ordnungsgemäße Abwicklung nach den Regelungen der Betriebsvereinbarung. Er hatte sowohl die Interessen der Einreicher zu vertreten als auch die des Unternehmens zu wahren.

16 Dienstleister

Der Ideenmanager, das Ideenmanagement ist Dienstleister im Unternehmen. Das Ideenmanagement vermittelt zwischen Unternehmensleitung und Mitarbeitern.

17 Diversity Management (= Management der Vielfalt)

Profitieren Sie von der Vielfalt! Orientieren Sie die Personalstrategie Ihres Unternehmens an der Verschiedenheit der Beschäftigten. Diese Vielfalt hat zwei Aspekte: die äußerlich wahrnehmbaren Unterschiede (ethnische Herkunft, Geschlecht, Alter und körperliche Verfassung) und individuelle Unterschiede (weltanschauliche, religiöse und sexuelle Orientierung, Lebensstil).

18 Durchlaufzeit

Die Durchlaufzeit gibt an, wie lange – in Kalendertagen – die Bearbeitung eines Vorschlags dauert. Bei abgelehnten Vorschlägen gilt die Zeit bis zur Entscheidung über die Ablehnung, bei angenommenen die Zeit bis zur vollständigen Umsetzung. Dies ist eine der wichtigsten Kennzahlen, zeigt sie doch, wie intensiv sich die Beteiligten einsetzen.

19 Einbeziehung Externer

Immer mehr Unternehmen laden auch Externe (Kunden, Lieferanten, Forschungsinstitute …) ein, sich mit Ideen zu beteiligen.

20 Einführungskosten von Ideen

Die Einführungskosten sind Investitionen und Arbeitslöhne, die bei der Einführung von Verbesserungsvorschlägen entstehen (z. B. durch Änderung von Werkzeugen, Vorrichtungen und Anlagen). Sie werden von den errechneten Einsparungen abgezogen. Änderungskosten für Zeichnungen und Arbeitsunterlagen sollten nicht den Einführungskosten zugerechnet werden, denn ständige Verbesserungen von Produkten und Verfahren gehören zu den Arbeitsaufgaben von Konstrukteuren und Fertigungsplanern bzw. Organisationsfachleuten.

21 Eingangsbestätigung

Der Einreicher erhält eine schriftliche Empfangsbestätigung (per E-Mail oder in Papierform) mit Angabe des Eingangsdatums und der Verbesserungsvorschlags-Nummer, unter der die Bearbeitung erfolgt.

22 Einreichen von Verbesserungsvorschlägen

Mitarbeiter können ihre Verbesserungsvorschläge schriftlich, per E-Mail-Formular oder online über das Intranet, auf vorgesehenen Vordrucken oder formlos sowie mündlich zur schriftlichen Niederlegung einreichen; s. a. Verbesserungsvorschläge.

23 Einreicher (Einsender, Ideengeber)

Einreicher sind die Mitarbeiter, die durch Überlassung ihrer Ideen dem Unternehmen eine Verbesserung zur Nutzung angeboten und damit den Schritt vom Mitarbeiter zum Mitdenker vollzogen haben. Immer häufiger laden Unternehmen und Organisationen auch ihre Kunden und Lieferanten dazu ein, Vorschläge einzureichen.

24 Einsparungen

Der Begriff „Einsparung" ist veraltet. Er bezeichnete früher die Einsparungen während der ersten 12 Monate der Nutzung eines Verbesserungsvorschlags. Im modernen Ideenmanagement verwenden wir den umfassenderen Begriff „Nutzen".

25 Einspruch

Ist der Einreicher eines Verbesserungsvorschlags mit der Entscheidung über seinen Vorschlag nicht einverstanden, hat er das Recht, Einspruch zu erheben. Fristen, Geschäftsgang und Kompetenzen für die Bearbeitung von und für die Entscheidung über Einsprüche sind in der Betriebsvereinbarung festgelegt. Einsprüche müssen begründet werden und neue, bisher noch nicht berücksichtigte Tatsachen anführen.

26 Employability (= Beschäftigungsfähigkeit)

Wenn das Unternehmen seine Mitarbeiter dabei unterstützt, beschäftigungsfähig zu bleiben, wird gleichzeitig das Unternehmen selbst gestärkt (siehe Ideenmanagement-Haus Seite 98 ff.).

27 Employer Branding (= Arbeitgebermarke)

Um einen Vorteil im Wettbewerb um qualifizierte Mitarbeiter zu erzielen, um sich auf dem Personalmarkt klar zu positionieren, ist es für Unternehmen sinnvoll, eine starke Arbeitgebermarke zu entwickeln. Ein gutes Ideenmanagement leistet hierfür einen entscheidenden Beitrag.

28 Employer-of-Choice (= Arbeitgeber der Wahl)

Gelingt es Unternehmen, die unterschiedlichen Zielgruppen unter den Arbeitnehmern zu überzeugen und Interesse an der eigenen Organisation zu wecken, werden sie zum attraktiven Arbeitgeber, zum Beschäftiger erster Wahl.

29 Erfolgsfaktoren

Erfolgsfaktoren eines lebendigen Ideenmanagements sind ein gutes Betriebsklima, das seinerseits Zeichen für eine gute Unternehmenskultur ist. Offene Kommunikation und eine gesunde Fehlerkultur sind weitere wichtige Bausteine. Die volle und nachhaltige Unterstützung der Unternehmensleitung und aller Führungskräfte ist unverzichtbar (siehe Ideenmanagement-Haus Seite 98 ff.).

30 Ergebnisse des Ideenmanagements

Ergebnisse des Ideenmanagements sind die für die Information der Unternehmensleitung oder der Mitarbeiter aufbereiteten statistischen Daten des Ideenmanagements für einen bestimmten Zeitabschnitt. Dazu gehören zum Beispiel die Anzahl der eingegangenen und der umgesetzten Verbesserungsvorschläge, der Beteiligungsgrad, die Durchlaufzeit sowie die Einsparungs- und Prämiensummen.

31 Fehlerkultur

Immer mehr Unternehmen erkennen Fehler als Chancen für Veränderungen und schaffen deshalb eine Kultur, in der durch offenen Umgang mit Fehlern die Gesamtqualität kontinuierlich gesteigert werden kann.

32 Freigabe abgelehnter Verbesserungsvorschläge

Sofern das Unternehmen die Idee eines Einreichers nicht nutzen will, kann auf Antrag des Einreichers eine schriftliche Freigabe zur Nutzung durch Dritte erfolgen.

33 Fristen für die Anmeldung von Verbesserungsvorschlägen

Grundsätzlich sollte jede Idee sofort als Verbesserungsvorschlag eingereicht werden, damit die Priorität (das Erstrecht) gesichert ist. Die Fristen für das nachträgliche Einreichen einer bereits ausgeführten Idee sind in der Betriebsvereinbarung festgelegt.

34 Führung

Aufgabe der Führungskräfte ist es, Entwicklungsprozesse mit den Mitarbeitern gemeinsam zu besprechen und zu gestalten, um die Anpassungsfähigkeit des Unternehmens und der sich kontinuierlich weiterentwickelnden Mitarbeiter sicherzustellen. Wo es früher Weisungen gab, finden wir heute logisch begründete Aufgaben, die der mündige Mitarbeiter nachvollziehen kann.

35 Geltungsbereich

In der Betriebsvereinbarung ist festgelegt, für welchen räumlichen und persönlichen Anwendungsbereich sie gilt. Falls nicht ausdrücklich anders vereinbart, bezieht sich der räumliche Geltungsbereich auf das gesamte Unternehmen. Der persönliche Geltungsbereich legt fest, wer am Ideenmanagement teilnehmen darf und wer nicht. Grundsätzlich sollten alle Belegschaftsmitglieder teilnahmeberechtigt sein. Für leitende Angestellte im Sinne des § 5 Abs. 3 BetrVG können die Regeln der Betriebsvereinbarung rechtlich nicht zur Anwendung kommen. Sie und die Geschäftsleitung können jedoch die Anwendung dieser Regeln auch für Vorschläge aus diesem Personenkreis zulassen, wenn nicht durch die Betriebsvereinbarung leitende Angestellte ausdrücklich von der Teilnahme am Ideenmanagement ausgeschlossen sind.

36 Geschäftsgang

Als Geschäftsgang bezeichnen wir die Bearbeitung eines Verbesserungsvorschlags vom Eingang bis zum Abschluss. Dazu gehören: Vorprüfung, Eingangsbestätigung, Erstellen von Fachgutachten,

Terminverfolgung, Kostenvergleichsrechnung, Bewertung, gegebenenfalls Vorlage bei der Ideenmanagement-Kommission zur Entscheidung, Ablehnungs- oder Prämienschreiben, Prämienauszahlung und Umsetzung sowie Archivierung.

37 Gewährleistungspflichten Dritter

Sofern für Maschinen, Anlagen oder Bauwerke noch Garantiefristen laufen, dürfen an ihnen aufgrund von Verbesserungsvorschlägen Änderungen nur dann vorgenommen werden, wenn dadurch die Gewährleistungspflicht des Herstellers nicht infrage gestellt wird. Im Zweifelsfall ist dies mit dem Hersteller abzustimmen. Auch für Prozesse kann es Vorschriften (zum Beispiel gesetzliche Bestimmungen) geben, die durch einen Verbesserungsvorschlag nicht verändert werden dürfen (zum Beispiel Chargenveränderungen).

38 Grundprämie

Die Grundprämie ist bei berechenbaren Einsparungen die Prämienhöhe, die sich direkt aus dem vereinbarten Prozentsatz oder – bei nicht berechenbaren Vorschlägen – aus der vereinbarten Bewertung ergibt. Bei Prämiensystemen ohne Berücksichtigung weiterer Einflussgrößen wird die Grundprämie ohne Ansehen der Person oder der Sache ausgezahlt. Wenn die geltende Betriebsvereinbarung das vorsieht, werden personen- und/oder sachbezogene Faktoren festgestellt und die Grundprämie damit nach oben oder unten modifiziert; für Lehrlinge zum Beispiel gilt der Korrektur-Faktor 1,5 und für Meister der Korrektur-Faktor 0,7 und für Ideen, die nahe am eigenen Aufgabengebiet sind, gilt zum Beispiel der Korrektur-Faktor 0,5.

39 Grundsätze für die Prämierung

Grundsätze für die Prämierung müssen in der Betriebsvereinbarung festgelegt werden. Dazu gehört zum Beispiel, dass

- die Voraussetzung für die Prämierung eines Verbesserungsvorschlags seine Annahme ist.
- die Höhe der Prämie sich am Nutzen des Verbesserungsvorschlags bemisst.

- die Basis der Prämienhöhe die voraussichtliche Höhe des Nutzens im ersten Jahr der Anwendung ist.
- Kriterien für die Bewertung des nicht berechenbaren Nutzens festgelegt werden.

40 Gruppenvorschläge

Verbesserungsvorschläge können auch von mehreren Personen gemeinsam eingereicht werden. Falls ein solcher Gruppenvorschlag eingeführt wird, geht die Prämie zu gleichen Teilen an die beteiligten Einreicher, wenn diese nicht bereits bei der Einreichung einen Verteilungsschlüssel auf Basis der Anteile jedes Gruppenmitglieds an der Idee angegeben haben.

41 Gutachten

Gutachten über die Anwendbarkeit oder den Wert von Verbesserungsvorschlägen werden von den zuständigen Fachabteilungen erstellt. Sie müssen sachliche und objektive Stellungnahmen sein, die dem Potenzial der Einreicher ebenso gerecht werden wie dem Interesse des Unternehmens an einem wirtschaftlichen Nutzen. Es ist die Aufgabe des Ideenmanagers, Gutachten auf Sachlichkeit und Objektivität zu prüfen. Dabei vertritt der Ideenmanager sowohl die Interessen der Einreicher als auch die des Unternehmens.

42 Gutachter

Im klassischen Betrieblichen Vorschlagswesen (BVW) war ausschließlich der Gutachter für die Beurteilung von Verbesserungsvorschlägen zuständig. Gutachter sind die für den Inhalt eines Vorschlags zuständigen Fachleute, die eine sachliche Stellungnahme (Gutachten) ohne Ansehen der Person abgeben. Die positive Einstellung der Gutachter ist ein wesentlicher Erfolgsfaktor für das Gelingen des Ideenmanagements.

Gutachter werden berufen. Sie werden auf ihre Tätigkeit vorbereitet und erfahren volle Unterstützung ihrer Vorgesetzten. Der durch die Gutachtertätigkeit anfallende Zeitaufwand muss in der jeweiligen Stellenbeschreibung berücksichtigt werden. Gutachter sind die Fachleute, die den Nutzen eines Verbesserungsvorschlags für das Unternehmen beurteilen können. Im modernen Ideenmanagement gibt es auch andere Formen der Bewertung.

43 Höchst- und Mindestprämien

Viele Unternehmen haben in ihrer Betriebsvereinbarung eine Mindestprämie festgelegt, die auch dann ausgezahlt wird, wenn sich aus der Einsparungshöhe oder der Bewertung des Verbesserungsvorschlags eine niedrigere Prämie ergibt. Höchstprämien sind heute in fast allen Unternehmen üblich. Wenige Firmen lassen in ihren Betriebsvereinbarungen unbegrenzte Prämien ausdrücklich zu.

44 Ideenmanagement

Das moderne Ideenmanagement ist viel umfassender als das herkömmliche Betriebliche Vorschlagswesen. Es ist ein Optimierungssystem, das einerseits auf dem früheren Betrieblichen Vorschlagswesen aufbaut, andererseits auch zeitgemäße Methoden, wie zum Beispiel den Kontinuierlichen Verbesserungsprozess, integriert. Das Ideenmanagement arbeitet nach den Regeln der Betriebsvereinbarung und verfolgt als ganzheitlichen Ansatz mindestens folgendes Ziel: Es schafft geeignete Voraussetzungen, damit Mitarbeiter Verbesserungspotenzial erkennen, Verbesserungsvorschläge entwickeln, formulieren und einreichen können. Eingereichte Vorschläge werden durch das Ideenmanagement erfasst, bearbeitet, beurteilt, bis zur vollständigen Abwicklung begleitet und archiviert. Darüber hinaus unterstützt das moderne Ideenmanagement kontinuierlich die Generierung von Ideen durch geeignete Techniken. Das Ideenmanagement hat sich in den letzten Jahrzehnten von einem reinen Rationalisierungsinstrument zu einem sehr vielseitigen Führungsinstrument entwickelt (siehe Ideenmanagement-Haus Seite 98 ff.).

45 Inkraftsetzung der Betriebsvereinbarung

Das Datum der Inkraftsetzung ist in der Betriebsvereinbarung festgelegt, ebenso die Kündigungsfristen und die Nachwirkung gekündigter Vereinbarungen (siehe Anhang 2 Betriebsvereinbarung der Xenophil Bauteile GmbH).

46 Kaizen

Qualitätsmanagement-Konzept, das in Japan entwickelt wurde. Kaizen bezieht alle Mitarbeiter ein, um Prozesse und Produkte zu verbessern. Kaizen wurde bekannt durch die Veröffentlichung des gleichnamigen Buches von Masaaki Imai, englische Ausgabe 1986, deutschsprachige Ausgabe 1992 (siehe auch Stichwort „Kontinuierlicher Verbesserungsprozess").

47 Kennzahlen

Kennzahlen dienen dem Vergleich von Ergebnissen. Eine für das Ideenmanagement wichtige Kennzahl ist zum Beispiel der Beteiligungsgrad Einreicher/Mitarbeiter.

Wünschenswert ist, dass Kennzahlen aus dem Ideenmanagement auch in anderen Kennzahlensystemen des Unternehmens berücksichtigt werden.

48 Kommission

Die personelle Zusammensetzung, Aufgabenstellung und Einsetzung der paritätisch besetzten Ideenmanagement-Kommission regelt die Betriebsvereinbarung. Die Kommission prüft die durch den Ideenmanager vorgelegten Verbesserungsvorschläge mit folgenden Fragen:

- Wurde der Vorschlag korrekt bearbeitet?
- Ist die Kostenvergleichsrechnung überzeugend?
- Kann die vorgeschlagene Bewertung akzeptiert werden?

Die Kommission entscheidet über Annahme oder Ablehnung des Vorschlags sowie über die Höhe der Prämie.

49 Kommissionsentscheidung

Sofern die Betriebsvereinbarung der Kommission die erforderlichen Kompetenzen einräumt, entscheidet sie auf Basis der vereinbarten Regeln rechtsverbindlich über Annahme oder Ablehnung eines Vorschlags sowie über die Prämienhöhe. Einsprüche gegen Kommissionsentscheidungen können nur von den Einreichern geltend gemacht werden, nicht aber von der Geschäftsleitung.

Letztere ist in der Ideenmanagement-Kommission vertreten, daher kann sie vor der Beschlussfassung ihre Bedenken einbringen.

50 Kontinuierlicher Verbesserungsprozess

Kontinuierlicher Verbesserungsprozess (KVP) ist die deutsche Bezeichnung für das japanische Kaizen-Konzept (siehe Stichwort Kaizen). KVP ist ein wesentlicher Bestandteil des modernen Ideenmanagements. Unternehmen können Verbesserungsprozesse gezielt initiieren, zum Beispiel über KVP-Workshops.

51 Kosten des Ideenmanagements

Die Kosten, die durch das Ideenmanagement entstehen, trägt das Unternehmen; sie gehören nicht zu den Einführungskosten für die Umsetzung eines Vorschlags, die ihrerseits zur Schmälerung der Prämie führen können. Bei der Beurteilung der Wirtschaftlichkeit des Ideenmanagements müssen die Gesamtkosten berücksichtigt werden.

52 Kosten-Nutzen-Verhältnis

Solange es die Ideenmanagement-Statistik gibt (seit 1975), war das Kosten-Nutzen-Verhältnis nie schlechter als 1:5. Im 2009 veröffentlichten dib-Report beträgt das Kosten-Nutzen-Verhältnis 1:9.

53 Kreativitätstechniken

Kreativitätstechniken können dazu beitragen, unser Denken beweglicher zu machen, sodass wir einerseits rascher verschiedene Perspektiven einnehmen können und andererseits in der Lage sind, je nach Bedarf schnell zwischen unterschiedlichen Denkmodi zu wechseln. Kreativitätstechniken können gezielt entsprechend der jeweiligen Aufgabenstellung eingesetzt werden und damit bestimmte Phasen des kreativen Prozesses unterstützen. So gibt es beispielsweise Techniken zur

- Analyse des Umfelds
- Wahrnehmung von Problemen,
- Identifizierung von Problemen,
- Aufstellung von Annahmen,

- Entwicklung von Alternativen,
- Auswahl von Alternativen und
- Umsetzung der ausgewählten Alternativen.

Es ist empfehlenswert, Techniken anhand konkreter Beispiele umfassend kennenzulernen, auszuprobieren und das eigene Repertoire an Techniken dann kontinuierlich zu erweitern. Für den Einstieg empfiehlt sich die Auseinandersetzung unter Anleitung eines erfahrenen Trainers.

54 Laufzeit von Verbesserungsvorschlägen

Ein großer Teil der angenommenen Verbesserungsvorschläge wirkt nicht nur im Einführungsjahr (das Einführungsjahr dient als Basis der Prämienberechnung), sondern wird auch in den Folgejahren eingesetzt. Der Nutzen der Folgejahre ist jeweils Reingewinn für das Unternehmen.

55 Lernen/Lebenslanges Lernen

Kreativität ist die lustvollste Form selbstbestimmten Lernens.
Hirnforscher haben nachgewiesen, dass unser Gehirn bei erfolgreichem Lernen ein Belohnungssystem aktiviert. Lernerfolge bewirken die Ausschüttung von Dopamin: Gute Laune stellt sich ein. Damit ist der neurologische Nachweis gelungen, dass Lernen Spaß machen kann – und sollte, wenn es langfristig wirksam sein soll.
Arbeitnehmer sind Unternehmer. Ihr Produkt ist die eigene Arbeitskraft. Das bedeutet für jeden Einzelnen: persönliche Verantwortung für die Gestaltung des eigenen Lebensweges und der beruflichen Entwicklung zu übernehmen. Ein partnerschaftliches Verhältnis zwischen Mitarbeiter und Vorgesetztem macht möglich, dass sich deckungsgleiche Interessen ergeben. Feedback-Gespräche dienen dem Abgleich von Eigen- und Fremdbild. Handlungsfelder können sichtbar werden und der Mitarbeiter kann seine individuelle Beschäftigungsfähigkeit (Employability) beurteilen. Eine Möglichkeit, das lebenslange Lernen anzuregen und zu unterstützen, bietet das Instrument ProfilPASS (siehe hierzu www.ProfilPASS.de.).

56 Leistung

Gelingt der Wandel der Unternehmenskultur, wozu das Ideenmanagement nicht unwesentlich beiträgt, wird auch eine neue Leistungskultur geschaffen. Es werden Energien freigesetzt, die früher in die Erhaltung des Status quo gesteckt werden mussten.

57 Lohnsteuerrichtlinien und Ideenmanagement

Jede Prämie muss über die Gehaltsabrechnung versteuert werden.

58 Mentoring

Jüngere Mitarbeiter können sinnvoll unterstützt werden durch Mentoren. Ein Angebot auf freiwilliger Basis hat Vorteile für beide Seiten. Mentoring ist ein mitarbeiterbezogener Personalentwicklungsansatz. Ziel kann die Vorbereitung auf anspruchsvollere Aufgaben sein. Mentoring bietet gleichzeitig eine Möglichkeit für generationenübergreifenden Austausch.

59 Mitarbeiterbeteiligung

Ideenmanagement ist eine der wichtigsten Möglichkeiten, Mitarbeiter an allen Unternehmensprozessen zu beteiligen. Das ist die Herausforderung.

60 Mitarbeitergespräche

Ideenmanagement sollte in Mitarbeitergesprächen thematisiert werden (Leistungsbeurteilung). Förderlich ist eine gute Feedbackkultur.

61 Mitarbeiterorientierte Managementsysteme

Neben dem Ideenmanagement gibt es weitere Systeme, die Mitarbeiter zu beteiligen. Wichtig ist, alle Systeme unter einem Dach zusammenzufassen (Symbiose statt Konkurrenzkampf oder feindlicher Übernahme!).

62 Modelle im Ideenmanagement

Es gibt drei Modelle: das Zentrale Modell, das Vorgesetzten-Modell und die Mischform (auch Hybridmodell genannt). Die meisten Unternehmen setzen die Mischform ein.

63 Modifikation der Grundprämie

Mit dem sogenannten personenbezogenen Korrekturfaktor wird die Position des Einreichers bei der Prämienfindung berücksichtigt. Ein ungelernter Mitarbeiter bekommt eine höhere und ein Abteilungsleiter eine niedrigere Prämie als z. B. ein Facharbeiter (siehe auch Stichwort Grundprämie).

64 Motivation

Die Erfahrung zeigt, dass ein funktionierendes Ideenmanagement die Motivation der Mitarbeiter stärkt. „Nichts beflügelt Menschen so sehr wie das Gefühl, mit ihrer Arbeit einen guten Schritt weitergekommen zu sein. Manager können die Motivation ihrer Mitarbeiter deutlich steigern, indem sie ihnen unnötige Hindernisse aus dem Weg räumen und sie optimal unterstützen." (Teresa M. Amabile und Steven J. Kramer in Harvard Business Manager Mai 2010, S. 37)

65 Nutzen des Ideenmanagements

Der ausgewiesene rechenbare und nichtrechenbare Nutzen des Ideenmanagements betrug laut dib-Report 2009 bei den teilnehmenden Firmen 1,55 Milliarden €. Das sind 7 Millionen € mehr als 2008. Der dib-Report 2009 erfasst Zahlen von 246 Unternehmen und Öffentlichen Körperschaften aus 17 Branchen mit ca. 1,9 Millionen Mitarbeitern. Der geschätzte Nutzen für die gesamte Wirtschaft liegt bei 30 Milliarden Euro.

66 Nutzen von Verbesserungsvorschlägen

Als Nutzen von Verbesserungsvorschlägen bezeichnet man:

- den wirtschaftlichen Effekt (dieser Effekt ist berechenbar), der durch Einsparungen entsteht,
- durch Verbesserungsvorschläge eingesparte Investitionen sowie
- die Komponenten, die der Verbesserung der Arbeitssituation zuzuordnen sind (diese Effekte sind nicht berechenbar). Dazu gehören Arbeitssicherheit, Arbeitserleichterungen, Vermeidung von Arbeitsunfällen, Verringerung von Gesundheitsrisiken sowie Verhinderung von Umweltschäden. Der Nutzen von Ver-

besserungsvorschlägen zu diesen Themen muss nach vereinbarten Kriterien bewertet werden.

67 Organe des Ideenmanagements

Organe des Ideenmanagements sind alle betrieblichen Stellen, die nach den Vorgaben der Betriebsvereinbarung mit der Abwicklung des Ideenmanagements befasst sind. Dazu gehören der Ideenmanager, die Führungskräfte, die Gutachter, die Kommission und – in Streitfällen zwischen Betriebsrat und Geschäftsleitung – die Einigungsstelle nach § 76 BetrVG.

68 Personalentwicklung

Ideenmanagement ist ein hervorragendes Instrument für eine wertschätzende, ganzheitliche Personalentwicklung. Grund für viele Unternehmen, das Ideenmanagement hier anzusiedeln.

69 Prämierung von Verbesserungsvorschlägen

Sobald ein Verbesserungsvorschlag angenommen ist, wird er auf Basis der Vorgaben in der Betriebsvereinbarung prämiert.
Für umgesetzte Ideen erhalten die Einreicher in der Regel eine monetäre Erfolgsbeteiligung oder eine andere Anerkennung.
Es findet ein allmählicher Wandel in der Benennung statt: Früher hieß es Prämierungssystem – heute wird eher der Begriff Wertschätzungssystem verwendet.

70 Qualitätszirkel

Qualitätszirkel bestehen meist aus sechs bis neun Mitarbeitern eines Unternehmens, die ca. alle zwei bis drei Wochen für ein bis zwei Stunden unter Leitung eines Moderators Themen des eigenen Arbeitsbereiches diskutieren. Ziel dieser Kleingruppen ist, mithilfe von Problemlösungs- und Kreativitätstechniken Lösungsvorschläge zu erarbeiten, die der Qualitätssteigerung dienen.

71 Rationalisierung

Ein Aspekt des Ideenmanagements ist die Rationalisierung von Prozessen. Siehe Kapitel 1„Anmerkungen zur Geschichte des Ideenmanagements".

72 Realisierungsquote

Die Realisierungsquote zeigt die Qualität der Vorschläge. Sie stellt dar, wie viele der eingereichten Vorschläge umgesetzt werden.

73 Schulen

Tatsächlich funktioniert Ideenmanagement auch hier: Schüler entwickeln Vorschläge für Veränderungen des Schulalltags. Voraussetzung ist die Unterstützung durch die Schulleitung (wie bei Organisationen und in Unternehmen auch).

74 Schutzfristen

Schutzfristen sichern die Prioritätsrechte des Einreichers eines abgelehnten Verbesserungsvorschlags während eines vereinbarten Zeitabschnitts. Wird ein vorher abgelehnter Verbesserungsvorschlag innerhalb der Schutzfrist umgesetzt, erhält der Ersteinreicher die fällige Prämie. Vorschläge gleichen Inhalts sind innerhalb der Schutzfrist zurückzuweisen. Werden bestehende Prioritätsrechte des Ersteinreichers bei der Vorprüfung eines gleichartigen Vorschlags nicht erkannt, so wird der Verbesserungsvorschlag zunächst in üblicher Weise bearbeitet. Stellt sich später heraus, dass Prioritätsrechte eines anderen Einreichers bestehen, so hat der zweite Einreicher auch dann kein Recht auf eine Prämie, wenn sein Verbesserungsvorschlag und die dadurch ausgelöste zweite Prüfung zur Einführung des ursprünglich abgelehnten Vorschlags geführt haben; der Ersteinreicher erhält also die volle Prämie.

75 Six Sigma (6σ)

bezeichnet einerseits ein statistisches Qualitätsziel und andererseits eine – zu Beginn der 70er-Jahre in Japan entwickelte – Methode des Qualitätsmanagements. Beschreibung, Messung, Analyse, Verbesserung und Überwachung der Geschäftsvorgänge mit statistischen Mitteln sind die wichtigsten Elemente dieser Methode. Kundenbedürfnisse und finanzielle Kennzahlen bestimmen die Ziele. Lesenswert ist der Text von Cornelia Hegele-Raih für des Magazin Harvard Business Manager (http://www.harvardbusinessmanager.de/heft/artikel/a-621634.html).

76 Software im Ideenmanagement

Es gibt spezielle Softwareangebote, die Organisation und Abwicklung des Ideenmanagements unterstützen. Manche Unternehmen haben eine eigene Software entwickelt, die auf die Anforderungen des Unternehmens abgestimmt ist. Für sehr kleine Unternehmen oder Organisationen reicht für den Einstieg eine selbst gestaltete Excel-Tabelle (eine Liste aktueller Software-Anbieter finden Sie unter www.zentrum-ideenmanagement.de).

77 Sonderleistungen

Sonderleistungen sind Aktivitäten eines Mitarbeiters, die *nicht* zu seinen – im Rahmen der auszuübenden Tätigkeiten – arbeitsvertraglich geschuldeten Pflichten (Arbeitsaufgaben) gehören. Verbesserungsvorschläge, für die das zutrifft, sind prämienberechtigt.

78 Sperrfristen

Als Sperrfristen werden Zeitabschnitte bezeichnet, in denen Verbesserungsvorschläge nicht nach den üblichen Regeln behandelt werden. Zum Beispiel können Einrichtungen, Anlagen und Produkte, die noch in der Entwicklung sind, nicht Gegenstand von Verbesserungsvorschlägen sein. Weil Sperrfristen Innovationsbremsen sind, verzichten viele Unternehmen in ihren Betriebsvereinbarungen auf die Fixierung solcher Fristen.

79 Teilnahmeberechtigung

Wünschenswert ist, dass der Kreis der Teilnahmeberechtigten alle Mitarbeiter des Unternehmens umfasst. Immer mehr Unternehmen erweitern heute die Teilnahmeberechtigung so, dass auch Pensionäre, Kunden, Lieferanten und Geschäftspartner am Ideenmanagement teilnehmen können.

80 Top-Management-Unterstützung

Egal, ob in Unternehmen, Organisationen, Universitäten, Schulen, Behörden, Vereinen …: Ohne Unterstützung des Top-Managements kann kein Ideenmanagement funktionieren! (Siehe auch Stichwort „Erfolgsfaktoren".)

81 Total Productive Maintenance (TPM)

Maintenance bedeutet in diesem Zusammenhang Instandhaltung, Wartung. Der Begriff (heute spricht man auch von Total Productive Management) bezieht sich auf ein umfassendes Produktionssystem, ein Programm zur kontinuierlichen Verbesserung in allen Unternehmensbereichen. Wie beim Kontinuierlichen Verbesserungsprozess sind wichtige Ziele, Verluste und Verschwendung ebenso wie Defekte, Ausfälle und Qualitätsverluste zu vermeiden.

82 Umsetzung

Ein wesentliches Ziel des Ideenmanagements ist die zügige Umsetzung von Ideen. Denn nur umgesetzte Ideen schaffen Wertschöpfung.

83 Unternehmenskultur

Produkte und Prozesse können kopiert werden. Eine Unternehmenskultur jedoch nicht! Sie ist jeweils einzigartig und wird somit zum entscheidenden Faktor für die Attraktivität eines Unternehmens für Arbeitnehmer.

84 Unternehmerisches Denken

Ideenmanagement fördert unternehmerisches Denken der Mitarbeiter in Unternehmen und Organisationen.

85 Verantwortungsbewusstsein

Ideenmanagement fördert das Verantwortungsbewusstsein der Mitarbeiter in Unternehmen und Organisationen.

86 Verbesserungsvorschläge

Jede eingereichte Idee eines Mitarbeiters aus jedem Bereich des Unternehmens ist ein Verbesserungsvorschlag (VV), sofern eine Lösung aufgezeigt wird, die gegenüber dem bisherigen Zustand eine Verbesserung bringt. Mängelhinweise (ohne Aufzeigen eines Lösungsweges) können im Rahmen des Kontinuierlichen Verbesserungsprozesses bearbeitet werden.

87 Verjährung von Ansprüchen

Ansprüche aus abgelehnten Vorschlägen erlöschen nach Ablauf der – in der Betriebsvereinbarung festgelegten – Schutzfrist, sofern der Einreicher den Verbesserungsvorschlag nicht vor Ablauf der Frist neu einreicht. Analog zu dieser Festlegung erlöschen auch die Ansprüche auf Nachprämierung zu diesem Zeitpunkt, sofern in der Betriebsvereinbarung keine andere Regelung getroffen wird.

88 Verwaltung

Grundsätzlich gibt es keine Unterschiede zwischen produzierenden und administrativen Bereichen. Allerdings gibt es im administrativen Bereich noch ein riesiges, weitgehend ungenutztes Potenzial für Verbesserungsideen.

89 Visualisierung

Die Visualisierung der Ergebnisse aus dem gesamten Ideenmanagement (KVP, Qualitätszirkel ...) erleichtert das schnelle Erfassen und motiviert zur weiteren Beteiligung. Die Fähigkeit, Zusammenhänge angemessen zu visualisieren, kann trainiert und verbessert werden.

90 Vorabprämien

Vorabprämien werden zuerkannt, wenn ein Verbesserungsvorschlag mit großer Wahrscheinlichkeit umgesetzt wird, der wirtschaftliche Nutzen aber erst zu einem späteren Zeitpunkt festgestellt werden kann. Manche Betriebsvereinbarungen sehen Pauschalbeträge als Vorabprämien vor, die ausgezahlt werden, sobald die Einführung des Verbesserungsvorschlags beschlossen wird. Die endgültige Prämienhöhe muss dann innerhalb des ersten Anwendungsjahres festgestellt werden.

91 Vorschlagsquote

Die Vorschlagsquote ist eine Kennzahl, die angibt, wie intensiv die Mitarbeiter das Ideenmanagement nutzen. Die Nutzung zeigt sich in der Kennzahl der Vorschläge pro Mitarbeiter.

92 Wertschätzung

Wertschätzung ist mehr als Lob. Wertschätzung beflügelt! Beflügelte Mitarbeiter sind gesünder, motivierter und glücklicher – beste Wachstumsbedingungen für Ideen.

93 Zielsetzung des Ideenmanagements

Übergeordnetes Ziel des Ideenmanagements ist es, alle Mitarbeiter des Unternehmens zur aktiven Mitwirkung am Betriebsgeschehen – über ihre betrieblichen Aufgaben hinaus – zu motivieren. Durch das Ideenmanagement werden die Mitarbeiter angeregt, sich aus eigener Initiative mit Problemen des Unternehmens zu befassen und durch eigene Beiträge und Ideen zu Verbesserungen und Lösungen beizutragen. Darüber hinaus gibt es eine Reihe untergeordneter Ziele, wie z. B. (nach Unternehmen unterschiedlich) wirtschaftliche und soziale Ziele.

94 Zuständigkeiten für das Ideenmanagement

Die Betriebsvereinbarung legt fest, wie das Ideenmanagement als Organisationseinheit in die Unternehmensstruktur eingegliedert ist.

95 Zwischenbescheide

Verzögert sich die Bearbeitung von Vorschlägen, zum Beispiel, weil weitere Gutachten eingeholt werden müssen oder Versuche erforderlich sind, erhält der Einreicher einen Zwischenbescheid. Dieser Zwischenbescheid sollte Termine für die weitere Bearbeitung enthalten.

Literaturverzeichnis

Quellen und Literatur zur Vertiefung einzelner Aspekte

Bono, Edward de: *Think! Denken, bevor es zu spät ist*, München 2010.

Brandhof, Jan-Willem van den: *Gebruik je hersens, Hoe te overleven in het informatietijdperk?*, Hoevelaken 1998.

Brodbeck, Karl Heinz: *Mut zur eigenen Kreativität*, Freiburg im Breisgau 2000.

Deutsches Institut für Betriebswirtschaft: *Erfolgsfaktor Ideenmanagement, Kreativität im Vorschlagswesen*, Berlin 2003.

Dold, Edelbert/Gentsch, Peter: *Innovationsmanagement, Handbuch für mittelständische Unternehmen*, Neuwied 2000.

Gaspersz, Jeff: *Concurreren met creativiteit, De kern van innovatiemanagement*, Amsterdam 2004.

Haberleitner, Elisabeth/Deistler, Elisabeth/Ungvari, Robert: *Führen, Fördern, Coachen, So entwickeln Sie die Potentiale Ihrer Mitarbeiter*, München 2008.

Higgins, James M./Wiese, Gerold G.: *Innovationsmanagement, Kreativitätstechniken für den unternehmerischen Erfolg*, Berlin/ Heidelberg 1996.

Horx, Matthias: *Das Buch des Wandels, Wie Menschen Zukunft gestalten*, München 2009.

Ideenmanagement, Zeitschrift für Vorschlagswesen und Verbesserungsprozesse, Berlin 1983 – 2010.

Jaworski, Jürgen/Zurlino, Frank: *Innovationskultur: Vom Leidensdruck zur Leidenschaft, Wie Top-Unternehmen ihre Organisation mobilisieren*, Frankfurt am Main 2007.

Ruf, Thomas: *Projektmanagement-Grundlagen, Crashkurs!*, Berlin 2010.

Scherer, Jiri: *Kreativitätstechniken, In 10 Schritten Ideen finden, bewerten, umsetzen*, Offenbach 2009.

Scholz, Holger/Haußmann, Martin: *Lernlandkarte Nr. 2, world café*, Eichenzell 2007.

Stadler, Konrad: *Die Kultur des Veränderns, Führen in Zeiten des Umbruchs*, München 2009.

Stotz, Waldemar/Wiedel, Anne: *Employer Branding, Mit Strategie zum bevorzugten Arbeitgeber*, München 2009.

Thaler, Richard H./Sunstein, Cass R.: *Nudge, Wie man kluge Entscheidungen anstößt*, Berlin 2009.

Warnecke, Hans-Jürgen: *Aufbruch zum fraktalen Unternehmen, Praxisbeispiele für neues Denken und Handeln*, Berlin/Heidelberg 1995.

Inspiration zum Thema Visualisierung

Scholz, Holger/Haußmann, Martin: *bikablo*, Eichenzell 2006.

Scholz, Holger/Haußmann, Martin: *bikablo 2.0*, Eichenzell 2009.

Register